U0163106

POISSONS ECREVISSES ET CRABES

后浪

海物奇谈

[荷] 路易·勒纳尔 编
[荷] 巴尔塔萨·科耶特
[荷] 塞缪尔·法卢斯 绘
徐迅 译
张弛 审订

江苏凤凰文艺出版社
JIANGSU PHOENIX LITERATURE AND ART PUBLISHING

图书在版编目（CIP）数据

海物奇谈 /（荷）路易 · 勒纳尔编 ;（荷）巴尔塔萨 · 科耶特 ,（荷）塞缪尔 · 法卢斯绘 ; 徐迅译 . -- 南京 : 江苏凤凰文艺出版社 , 2024.1 （2024.8 重印）

ISBN 978-7-5594-7919-8

Ⅰ . ①海… Ⅱ . ①路… ②巴… ③塞… ④徐… Ⅲ . ①鱼类 - 图集②甲壳类 - 图集 Ⅳ . ① Q959.4-64 ② Q959.223-64

中国国家版本馆 CIP 数据核字 (2023) 第 150244 号

海物奇谈

[荷] 路易 · 勒纳尔 编 [荷] 巴尔塔萨 · 科耶特 [荷] 塞缪尔 · 法卢斯 绘 徐迅 译

编辑统筹　尚　飞
责任编辑　曹　波
特约编辑　丁侠逊
审　　订　张　弛
内文制作　李　佳
装帧设计　墨白空间 · Yichen
出版发行　江苏凤凰文艺出版社
　　　　　南京市中央路 165 号，邮编：210009
网　　址　http://www.jswenyi.com
印　　刷　天津裕同印刷有限公司
开　　本　720 毫米 ×1000 毫米　1/16
印　　张　14.25
字　　数　90 千字
版　　次　2024 年 1 月第 1 版
印　　次　2024 年 8 月第 2 次印刷
书　　号　ISBN 978-7-5594-7919-8
定　　价　118.00 元

江苏凤凰文艺版图书凡印刷、装订错误，可向出版社调换，联系电话 025 - 83280257

POISSONS ECREVISSES ET CRABES,

DE DIVERSES COULEURS ET FIGURES EXTRAORDINAIRES,

QUE L'ON TROUVE AUTOUR DES

ISLES MOLUQUES,

ET SUR LES CÔTES DES

TERRES AUSTRALES:

Peints d'après Nature durant la Régence de Meſſieurs VAN OUDSHOORN, VAN HOORN, VAN RIBEEK & VAN ZWOLL, ſucceſſivement Gouverneurs-Généraux des *Indes Orientales* pour la Compagnie de Hollande.

OUVRAGE, *auquel on a employé près de trente ans, & qui contient un très grand nombre de Poiſſons les plus beaux & les plus rares de la Mer des Indes: Diviſé en deux Tomes, dont le premier a été copié ſur les* Originaux *de Monſr.* BALTAZAR COYETT, *ancien Gouverneur & Directeur des Iſles de la Province d'*Amboine, *& Préſident des Commiſſaires à* Batavia. *Le ſecond Tome a été formé ſur les Recueils de Monſr.* ADRIEN VANDER STELL, *Gouverneur Régent de la dite Province d'*Amboine, *avec une courte Deſcription de chaque Poiſſon.*

Le tout muni de *Certificats* & *Atteſtations* authentiques.

Donné au Public par Mr. LOUIS RENARD, Agent de S. M. Brit. à *Amſterdam*, & augmenté d'une Préface par Mr. ARNOUT VOSMAER.

A AMSTERDAM,

Chez REINIER & JOSUÉ OTTENS, MDCCLIV.

东印度诸般海物

颜色缤纷，形态奇异

来自摩鹿加群岛[①]及南方领地

各位作者历时近三十年，搜集海量珍奇生物

忠实展现各种鱼、螯虾和螃蟹的真实面貌

全部内容均有真凭实据

绘制于尊敬的范奥茨胡恩、范霍伦、范里贝克及范兹沃勒

担任荷兰东印度公司总督期间[②]

本书分为两卷，第一卷根据安汶[③]省前总督兼董事，

巴达维亚司法理事会理事长巴尔塔萨·科耶特先生的

画集重新制版；

第二卷参考安汶省总督阿德里安·范德斯泰尔[④]先生的画集编纂而成，

每种生物均附描述。

由英国政府在阿姆斯特丹的探员路易·勒纳尔先生呈于读者面前，

并由阿尔瑙特·沃斯玛[⑤]先生作序。

---

① 现称马鲁古（Maluku）群岛。——本书脚注若无特别说明，皆为译者所加。

② 约 1691—1718。

③ 安汶，现印度尼西亚马鲁古省的首府，曾是荷兰东印度公司的海外总部所在地，此后公司海外总部迁往巴达维亚（即今雅加达）。

④ 阿德里安·范德斯泰尔(Adriaan van der Stel, 1665 或 1668—1720)，生于荷兰，任安汶总督，于安汶去世。

⑤ 阿尔瑙特·沃斯玛（Arnout Vosmaer，1720—1799），荷兰博物学家。

致无比尊贵、无比伟大的乔治国王[1]
大不列颠、法国和爱尔兰国王
不伦瑞克-吕讷堡公爵，汉诺威选帝侯

我怀着万分荣幸，将这本海洋奇异生物图鉴的原件呈于陛下面前，恳请陛下允许我在奥古斯特尊名庇护下出版此书。国王陛下何其尊荣，统御如此雄伟帝国，其海洋版图任何他国均无力企及。我冒昧献上拙作，您的国家自然有权对本书宣布所有权。此时此刻，国王陛下力争签订条约[2]，使整个欧洲重获安宁。陛下展露的睿智与仁慈，将使您与您的帝国在百代之后仍被久久赞颂。如果您的帝国拨冗向拙作投来一瞥，如果您的帝国愿意接受我献上的无上敬意，我将达到此生喜乐的巅峰。

您最谦卑、最顺从、最忠实的仆人

勒纳尔

① 指乔治二世(George II, George Augustus, 1683—1760),1727年至1760年在位,汉诺威王朝第二位国王。自封为法国国王。

② 即《乌得勒支和约》。1701 年至 1714 年，因西班牙哈布斯堡王朝绝嗣，法国波旁王朝与奥地利哈布斯堡王朝为争夺西班牙王位发动战争，史称“西班牙王位继承战争”。欧洲大多数国家组成大联盟以对抗法国，逐渐夺取了法国在大西洋和地中海的制海权。1712 年至 1714 年，即本书编纂期间，大联盟各国先后与法国签订条约，退出战事。1713 年 4 月，英、法等国在荷兰的乌得勒支签订《乌得勒支和约》，重新奠定了欧洲的稳定局势。

前 言

我极力促成此书的出版，不惜工本、不惜人力，因为我相信这部非凡的作品将为厘清博物学领域诸多问题做出卓越贡献。

第一卷由尊敬的斯科特先生转交给我。斯科特先生在阿姆斯特丹诸位法官之中，因其贵族家世和资历广受尊敬。得以目睹这些美丽造物，我们首先要感谢巴尔塔萨·科耶特先生，班达省和安汶省前总督兼董事，现巴达维亚司法理事会理事长。科耶特先生在任职期间鼓励人们捕捞海洋生物。安汶及周边岛屿的土著以及在当地定居的荷兰人捕捉到了奇异的海洋生物，会趁它们还活着的时候送去科耶特先生官邸。科耶特先生根据这些生物亲手绘制了约 200 幅图像，集结成两卷画集。他的儿子弗雷德里克·尤利乌斯·科耶特[①]先生，时任东印度[②]公司首席律师暨阿姆斯特丹商部首席部长，将画集原件带给了老斯科特先生。我已经命人准确复制了所有图像。第二卷是根据摩鹿加群岛现任总督范德斯泰尔先生的画集编纂而成的，在准确性上略有逊色，然而充满新意。每种生物都附有注释，令人非常好奇。之前范德斯泰尔先生责成画师塞缪尔·法卢斯[③]绘制生物图鉴并将其从东印度带回阿姆斯特丹。我在其中挑出大约 250 幅汇总而成本书第二卷。我所挑选的生物都是在科耶特先生的画集成书之后才被捕捞、绘制的，因此两卷内容鲜少重复。

此外，为了防止某些人轻率地否定本书内容，我将部分往来书信的原件由荷兰语译为法语，在此附上，以兹证明。

路易·勒纳尔

于阿姆斯特丹

书信往来与证据

小科耶特先生致勒纳尔探员的信，关于这部作品第一卷

先生：

既然您特地来信询问从斯科特先生处获得的两本摩鹿加群岛博物学画集的真实情况，我可以证明这两本画集正是由家父绘制。我以荣誉向您保证，家父曾穷尽画家技艺和颜料色泽，尽可能生动、准确地摹状这些鱼类并为其着色。然而人力毕竟不及天工，它们鲜活时令人赞叹的光彩多少有所损失。

家父曾连续十四年担任班达省和安汶省总督。一旦发现值得关注的生物，他就会在家中对其进行描绘。他没有其他意图，只为满足自己的业余爱好。当我十年前从印度来到这里时，家父的作品已经汇总成两本画集。我代表家父将画集借给了斯科特先生，即您所看到的两卷本。您根据家父的作品制成雕版，为之着色，并编纂成您的著作第一卷。我在此声明，您作品中的图版极为出色，精确地复制了原作。

弗雷德里克·尤利乌斯·科耶特

阿姆斯特丹，1718 年 10 月 17 日

关于第二卷的声明

署名者即本人，曾任荷兰东印度公司派驻安汶的画师，现居阿姆斯特丹。我声明这本画集包含的生物均由我亲手绘制而成。在十二年的时间里，我尽自己所能，忠实地再现了这些生物在自然环境下的样貌。尽管闻之令人生疑，但人的艺术确实能够捕捉海洋生物的颜色之美，前提是必须以正确的方式活捉这些生物，将它们置于清澈的水中，令其自由游动。在此，我真诚地声明，勒纳尔先生制作的雕版以及着色与本人原作完全一致。我已于1718年9月30日在阿姆斯特丹签字画押，以兹证明。

塞缪尔·法卢斯

画师塞缪尔·法卢斯致多德雷赫特的荷兰教会牧师弗朗索瓦·瓦伦丁[④]先生的信

先生：

在我极力争取、奔走恳求之后，尊贵的董事们终于同意将画匣中的书籍和画稿

归还于我，但他们留下了我的安汶海岸线简图。

先生，您曾亲眼见到我如何勤勤恳恳地工作，力求还原这些生物的自然面貌、形态和色彩，但尊贵的董事们不相信这些画稿展现的是真正的自然造物。对我而言，最重要的莫过于让这些满怀质疑的先生相信。因此我只能向您求助，尊敬的牧师，当您走访我们在摩鹿加群岛的教堂时，您经常给我送来许多鲜活的海洋生物。您也亲口品尝过一些我曾经画过的鱼类。

因此，我请求您将您所知道的实情写信告知勒纳尔先生。他是大不列颠国王陛下在阿姆斯特丹的探员。我对您怀有无上敬意，如若您能满足我的冒昧请求，我将不胜感激。

塞缪尔·法卢斯

阿姆斯特丹，1715 年 8 月 25 日

再启：我无比诚挚地期待您的来信，以便有幸得知这些生物的真实情况。我将非常感谢您的帮助，并倾我所能热诚地为您效劳。

勒纳尔

回复

先生：

我可以向您保证，在安汶及周边岛屿，有许多光怪陆离的海洋生物，望之令人惊叹。据我所知，塞缪尔·法卢斯根据从自然中捕获的生物绘制了大量图稿。先生，我希望上文能满足您的要求。

致以万分尊敬，弗朗索瓦·瓦伦丁

多德雷赫特，1715 年 8 月 28 日

勒纳尔探员致多德雷赫特牧师弗朗索瓦·瓦伦丁先生的信件节选

先生：

就在前天，莫斯科的沙皇陛下[⑤]莅临我的住所，我借此机会向这位君王展示了法卢斯先生所著《摩鹿加群岛的鱼类》[⑥]一书，其中一幅图涉及某种叫作人鱼的海怪。画家本人在图注中写道，这只生物在安汶存活了四天，还提供了其他细节。法卢斯先生认为，现安汶总督范德斯泰尔先生也许已把这幅图寄给了您。沙皇陛下很乐意更清楚

地了解这种生物。因此，我能否有幸获得您对这幅图的详细说明？

勒纳尔

阿姆斯特丹，1716 年 12 月 27 日

回复

先生：

如果说我离开东印度后，法卢斯在安汶看到了那只海怪，这也并非完全不可能。我随信附上这幅您深感兴趣的图。您提到原件⑦已经寄给了我，然而直到目前为止，我并没有见到它，也没有听到它的消息。如果我能够得到原件，无疑会诚心诚意地把它献给沙皇陛下，对于陛下在寻找美丽事物上付出的精力，无论如何赞美也不为过。

在此，为了证明自然界中的确存在着人鱼这样的海怪，我要为您讲述这个故事。我清楚地了解到，在 1652 年或 1653 年，安汶省塞兰岛和布鲁岛附近，临近埃纳德罗村的海湾中，公司商船的一位二副看到了它。当时一共出现了两只这种海怪，相伴而游，因此人们推测它们是一雌一雄。六周之后，超过五十人在同一地点再次见到这两只海怪。它们是青灰色的，头部到腰部的形态酷似人类，有手臂和手掌，躯干逐渐收窄，末端呈尖形。它们的头发相当长，其中一只比另一只更大。

我还要补充的是，在东印度服务三十年之后，我在回程路上也见到了类似的生物。1714 年 5 月 1 日，南纬 12° 18′，天气和煦晴朗。距离我们 3 ~ 4 个船身的地方出现了一只怪物，或许隶属于某个“海人类”⑧物种。它呈灰色，躯干直立且出水很高，头顶堆着海藻，像是戴着渔夫帽一样。所有的船员都看到了它。尽管背对着我们，怪物却很快注意到我们与它过于接近，于是忽然潜入海中。此后再也没有人看到它。

弗朗索瓦 · 瓦伦丁

多德雷赫特，1716 年 12 月 18 日⑨

阿姆斯特丹教会牧师帕朗先生的来信，在公证人雅各布 · 朗斯曼面前书写并展示

先生：

经由您着色的美丽雕版令我既高兴又惊讶，我必须承认，它们与塞缪尔 · 法卢斯先生的原件一模一样。我在安汶与法卢斯先生很熟悉，他描绘了这些摩鹿加群岛海物与生俱来的颜色。我曾居住在安汶十三年，于 1716 年随船返回。这十三年间，我亲眼见到了本书提到的大部分生物鲜活的样子，也怀着愉快的心情亲口品尝了其中不少。

我在安汶期间，法卢斯先生正在当地担任牧师助理，为患病之人送去安慰。他的妙笔令我惊叹——成功地画出这些生物，把它们的色彩还原得如此精确、如此艳丽，堪称栩栩如生。翻阅您的画集时，我仿佛能看到这些生物活在眼前。

您问我在那个国家是否曾见到人鱼，先生，以下是我的回答。每年，能听懂当地语言的牧师必须去摩鹿加群岛的教堂走访两次。在其中一次走访期间，我乘坐当地人称为“奥朗贝”的桨船，从奥利略厄村去往两古里[10]之外的卡略夫村。碰巧在我打瞌睡的时候，巴布亚[11]桨手高声惊呼。我被惊醒了，问他们出了什么事。他们异口同声地回答说，有一只貌似人鱼的海怪。他们看得清清楚楚，这只海怪有男人一样的脸，背后披着女人一样的长发。不过，这个生物被他们的叫声吓坏了，跳回了海里。我只能看到被它激起的浪花在翻涌。

帕朗

阿姆斯特丹，1717 年 7 月 15 日

摘自其他作者

达维蒂，法国宫内侍从，著有《地理学》（巴黎版，对开本，6 卷本，由出版商比莱纳出版），该书被称为迄今为止最好的地理学著作。其中“美洲描述”一节（第 125—126 页）描述了巴西的河鱼及海鱼。达维蒂提到了以下数种鱼类：

Oury Jouve：通体黄色。

Acatajou：头绿、背黄、腹白。

Pourake：比大腿还粗，长 4 法尺[12]，红、蓝、绿、白色斑纹驳杂。

Yaconda：长 3 法尺，全身遍布黄、红、白色条纹。

Acara：头部有红色条纹，呈百合花状。

Mendouvel：浅红色。

Payrain：红黄两色。

Opean：表皮遍布红色条纹。

Jejou：头部蓝色，尾部红色，全身有红黄两色条纹。

Pyrapinim：通体全白，仅头部有斑点，且尾部红色。

德·罗什福尔[13]先生所著《安的列斯群岛自然史》（鹿特丹版，4 开本；里昂版，12 开本）第 375 页提到某种鱼类具有绿色鳞片，如同鹦鹉的羽毛。第 379 页提到 *Eguille* 的背部有蓝、绿两色条纹；腹白，杂有红色。第 380 页，他描述了自己在河里寻找“岩石鱼”，即栖息于岸边岩石之间的多种鱼。这些鱼不单有红色的，还有其他许多颜色的。第 404 页及

随后几页，他描述了一条非常大的鱼：前额有一只长角，艳丽多彩不输于本书记载的任何物种。第512、513和514页，他提到了一些螃蟹和螯虾，这些生物所处的地区和觅食环境不同，颜色也随之变化：有的通体紫色，杂有白色斑纹；有的呈现美丽的黄色，饰有灰、紫线条……争奇斗艳，无可比拟。

迪·泰尔特[14]神甫著有《安的列斯群岛史》，他是一位更现代、笔法更精准的作者。在《安的列斯群岛史》（巴黎版，4开本，3卷本）第2卷第4章当中，作者不仅证实了德·罗什福尔先生及其他作者对形形色色的鱼类、螃蟹和螯虾的描述，还补充了大量例子和图片。这些生物活着的时候，迪·泰尔特神甫亲眼见过它们，并用令人难以置信的颜色予以描摹。这些生物比前文记叙的更美丽、更奇特，尤其是鹦鹉鱼和种种岩石鱼。读者尽可以查阅该书。

丹皮耶船长、弗耶神甫、弗勒齐耶先生以及其他许多优秀作者也通过大量实例证实了海洋生物的千姿百态、色彩斑斓，其中细节无法一一尽述。

---

① 弗雷德里克·尤利乌斯·科耶特（Frederik Julius Coyett，1680—1736），本书第一卷原作者之子，大约于1680年生于巴达维亚的海上。

② 即东印度群岛，今印度尼西亚。荷兰殖民者侵占该地为殖民地后，称其为荷属东印度。

③ 塞缪尔·法卢斯（Samuel Fallours，生卒年月不详），生于荷兰鹿特丹，荷兰博物学画家，受雇于荷兰东印度公司，1706年前往安汶，曾任警卫，随后转为牧师助理。他的艺术家生涯在1703年至1720年达到巅峰。

④ 弗朗索瓦·瓦伦丁（François Valentyn，1666—1727），荷兰博物学家、作家，19岁时受雇于荷兰东印度公司，后作为牧师前往安汶（1686—1694）。1705年作为随军牧师再次前往东印度，参与远征爪哇（1706）和安汶(1707—1713)。回到荷兰后撰写《新旧东印度志》一书并以此闻名。

⑤ 即彼得一世·阿列克谢耶维奇（彼得大帝），罗曼诺夫王朝的第五位沙皇（1682 — 1721），俄罗斯帝国首位皇帝（1721—1725）。

⑥ 勒纳尔曾在1719年于阿姆斯特丹出版法卢斯绘制的部分图稿。

⑦ 见画集最后一幅图版。——原注

⑧ 在欧洲传说中，"小美人鱼"并非唯一的类人海怪。例如，格斯纳曾在其著作《动物学》中提到一种"主教鱼"：状似老者，鱼身带有手脚、有袍子状的鳍，可能会像人类的主教一样画十字。

⑨ 原书如此，疑为誊写错误，也许是12月28日。——编者注

⑩ 1法国古里约合4公里。

⑪ 印度尼西亚本土民族，肤色黝黑，头发卷曲，经常被错认为来自非洲。

⑫ 1法尺约等于32.5厘米。

⑬ 夏尔·德·罗什福尔（Charles de Rochefort，1605—1683），法国胡格诺派牧师、传教士，在荷兰鹿特丹胡格诺教会担任牧师。

⑭ 让-巴蒂斯特·迪·泰尔特（Jean-Baptiste Du Tertre，1610—1687)，生于法国加来，曾加入荷兰海军远征格陵兰岛，1634年加入多明我会。

序

这部广受期待的作品终于问世了。若不是因为我对博物学研究的热忱，它恐怕到今天还不能见到曙光。

本书作者勒纳尔先生在作品付梓之前去世。对于如此一部所费不赀、良工苦心的作品而言，作者辞世属实为出版带来了不小的困难。因此，这部作品推迟到现在才与读者见面。如果这部作品被交付于对它的意义所知甚少的人手中，也许还要花费更多时间才能出版，甚至有可能最终也无法在博物学领域放射出自己独有的光芒。出版商不喜欢发表所谓“想象力的产物”，面对这些非凡、罕见的生物，人们往往感到难以置信，而无知又增强了他们面对陌生事物时的骇异。

牧师瓦伦丁先生曾供职于印度尼西亚的安汶、班达群岛和其他岛屿上的诸多教堂。他在这些地方发现了本作品中描述的鱼类和甲壳类，也是第一个将这些生物的奇妙外形、绚丽色彩公诸于世的人。他在《新旧东印度志》第三卷中描述了他看到的生物与本书图版之间的关联。尽管瓦伦丁先生以诚实而闻名，理应得到信任，他所指出的关联却因为“不可思议”而被拒绝。不过，没过多久，瓦伦丁先生的发现就被接纳了，有几位非常值得信赖的人为他提供佐证。这些致力于博物学的人历尽艰辛，在自己的陈列室摆满造物主智慧的例证，也正是他们为本书记录的奇特生物提供了标本。正因为有这些标本，人们不再怀疑本书描绘的奇特生物完全出于作者的想象。这些标本不仅赏心悦目，也启迪了新的研究。然而却难以见得，在这些鱼类活着的时候，点缀于它们身上的色彩有多生动、鲜艳。因此，人们对本书为种种鱼类描绘的颜色仍然抱有疑虑。

我们不必精通博物学就可以知道，无论大自然在她所造之物上如何肆意挥洒，当她满足了自己的目的，当这些生物的寿命走到尽头后，她便以加倍的吝啬收回馈赠。这样一来，鱼类和其他生物一样，在失去生命的同时也失去了色彩之美。据说，法国的研究者[①]找到了避免标本失色的秘诀。遗憾的是，这一技巧仍属保密，罕有从中受益者。我们手头的标本仅剩晦涩暗淡的颜色，那是它们生前辉煌的可悲残片。

鱼类，这一动物界繁荣昌盛的群体，我们还有什么方法一窥其真容？这部图鉴作品尽可能还原鱼类天然色彩，并为读者查阅提供方便。我刚得到这本书时，并没有切实感受到其中之美。因为我已经了解了其中一些生物：我不仅听说过各种各样的描述，还在其他地方看到过标本。书中描绘的奇异颜色和形态特征与我所知相吻合，因此我只是略感讶异，并不妨碍我充分欣赏这些动物的美。我长期以来一直沉浸于伟大的莱布尼茨[②]理论，致力于研究不同物种之间的联系。我深信，如此色彩缤纷的鱼类不仅可能存在，甚至必须存在。这样才能在水里的鱼类与天上的飞鸟、地上的走兽之间建立起一致性。眼前这本著作证实了我的想法。它所展示的奇迹告诉我们，大自然造物主不仅为水生动物设计了翅膀和斑点、条纹，使这些物种看上去与其他动物更类似，而且还设计了我们在鸟类身上看到的、令人钦佩和惊叹的绚丽色彩。我不想忽视任何引我接近真相的证据，于是我比较了本书中部分鱼的颜色和瓦伦丁的著作对于颜色的描述——瓦伦丁确实描绘了这些鱼的形状，但没有给它们上色。很快，我注意到本书中的颜色与瓦伦丁描述的颜色大相径庭。然而我可以依据形态特征确定两本著作描述的是同一个物种。这一发现让我很为难：哪一位作者的描述更切合实际呢？仔细钻研之后，我的疑惑解除了。我注意到两位作者对同一种鱼的描述只在颜色方面有所差异。在描述中也提到了这些鱼类有雌雄之分，一些记录参考了雄性个体，另一些记录参考了雌性个体。看来，两位作者出现分歧的原因是两人记录了同一物种不同性别的个体。此外，我还发现同一性别的个体也会在颜色上存在差异。我曾亲眼见过八九条来自日本的活体金鱼。它们乍看之下无甚稀奇，外形都是一样的。然而它们却有多种多样的颜色：血红色、橙红色、白色带棕色斑点、白色带红色斑点、橙色……

过了一段时间，另一本画集偶然流入我手中，它来自三十年前的印度。两相对照之下，我对本书中的鱼类图鉴和令人赞叹的美心悦诚服。我可以笃定地说，两部作品的描述存在差异，原因是两者选用的标本不同。瓦伦丁与勒纳尔只是机械地鉴定了自己得到的生物个体，而没有意识到每个物种不同性别、每个性别不同类型之间的差异。

以上是阅读这部作品时必须注意的地方。除了这点不足以外再无其他，读者尽可以陶醉于作者为我们展现的鱼类之美。我和其他几个人收藏的标本足以为书中这些鱼类的外形提供证据。勒纳尔先生在这本著作背后花费的汗水和心力以及他在书中提供的证明，使我们不必对书中的记载产生怀疑，即便有些物种的外形的确非同寻常，亟待研究。本书也厘清并证实了前人研究对这些鱼类的记载（如格斯纳[③]、阿尔德罗万迪[④]、龙德莱[⑤]、琼斯顿[⑥]、威洛比[⑦]、阿特迪[⑧]等）。

不幸的是，由于缺乏关于这些鱼类的骨骼学知识，本书无法将其中的鱼类对应到阿特迪建立的属种系统中。但总的来说，骨骼学信息的缺失无伤大雅。博物学爱好者收藏的诸多标本弥补了这一缺陷，因为人们可以通过标本看到这些鱼类的结构。但颜色就不一样了，颜色是不稳固的，而且会丢失。因此，本书为失去自然色彩的标本提供了宝贵参考。

我优先取信本书中的图像，而不是瓦伦丁作品中的图像，我不打算在此详述原因。任何人只要花时间钻研或者对鱼类有一些了解，就会很容易将两部作品中的图像对应起来。只需查看目前为数众多的鱼类标本，就会发现本书很好地再现了它们的形态。本书所描绘的鱼光彩夺目，然而无论这些颜色多么炫目，对于亲眼见过这些鱼类的人而言，并非不可思议。正如我提到的，这些鱼类相当常见。

本书收录的以及其他著作中的人鱼图像与瓦伦丁作品中的人鱼图像没有任何区别。这并不奇怪，因为瓦伦丁承认他的图像复制自勒纳尔先生的作品。依我看，人鱼值得我们付出更多关注。种种记录都支持人鱼的存在，而试图摧毁驳斥其存在的意见非常荒谬。据说到目前为止，无论哪个博物学家的奇珍异宝陈列室里都没有这种海怪。我不确定自己能否道出其中原由，但如果这种海怪真的和现存的描述一样，那么根据它与人类极其相似的样貌推断，它很可能具有与人相似的本能、智力或理性。这些能力使它具有超乎其他动物的技巧，因此免于陷入罗网。恐怕这就是人鱼标本之所以罕见的原因。此外，也许人鱼的身体和人的身体类似，比其他鱼类更容易腐烂，难以保存。福西厄斯[9]、尤尼乌斯[10]等人提到的人鱼骨架标本多少能证明这一点。

勒纳尔先生的辞世并不能剥夺他为本书写题献的权利，他的题献仍然放在此版开头。请读者把这一点谨记于心，因为有些版本并未遵守承诺，没有署勒纳尔先生的名字。

以上是关于本书需要说明的全部事项。在满足了出版商的要求后，我只希望读者看到书中神奇瑰丽的造物时，能将赞叹的对象从生物本身上升到至高无上的造物主。

阿尔瑙特·沃斯玛

于阿姆斯特丹

---

① 奥森布赖伯爵帕约特先生的药剂师兼催眠师吉约特先生发现了解决这一难题的技术，摘录于《法兰西信使报》1749 年 7 月号。这一方法不仅能够保存所有植物，也能用于保存健康的鱼类和其他动物，同时不会破坏它们生前具有的自然色彩。——原注

② 戈特弗里德·威廉·莱布尼茨（Gottfried Wilhelm Leibniz，1646—1716），德国哲学家、数学家。莱布尼茨提出动物只能通过自然的方式产生和消灭，这一理论被认为是进化论的雏形。

③ 康拉德·格斯纳（Conrad Gesner，1516—1565），瑞士动物学家。

④ 乌利赛·阿尔德罗万迪（Ulisse Aldrovandi，1522—1605），文艺复兴时期意大利博物学家、医生。

⑤ 纪尧姆·龙德莱（Guillaume Rondelet，1507—1566），法国博物学家。

⑥ 扬·琼斯顿（Jan Jonston，1603—1675），波兰博物学家、医生。

⑦ 弗朗西斯·威洛比（Francis Willughby，1635—1672），英国鸟类及鱼类学家。

⑧ 彼得·阿特迪（Peter Artedi，1705—1735），瑞典鱼类学家，被誉为“鱼类学之父”。

⑨ 杰拉尔杜斯·约翰内斯·福西厄斯（Gerrit Janszoon Vos，常按照拉丁语写作 Gerardus Johannes Vossius，1577—1649），荷兰学者、神学家。

⑩ 哈德里阿努斯·尤尼乌斯（Hadrianus Junius，1511—1575），荷兰医生、古典学者、作家、诗人。

声 明

本书堪称文学诞生以来最珍贵的博物学著作之一，因而我无比谨慎地核实了其中内容的来源，并为本书展示的事物提供证据。

我在此声明，本书第一卷的全部内容（43 幅图版和 218 个编号），准确无误地复制了现任巴达维亚司法理事会理事长巴尔塔萨 · 科耶特先生担任摩鹿加群岛总督期间绘制的原作，由巴尔塔萨 · 科耶特先生之子弗雷德里克 · 尤利乌斯 · 科耶特先生进行确认。小科耶特先生的声明见本书前言所附的第一封信。我敢向阿姆斯特丹这座伟大的城市，以及整个荷兰共和国保证这一点：科耶特父子以其荣誉闻名。亲眼见过本书生物且仍然在世的人为数不少，每年从东印度回到此地的人们也能够证明，本书不存在任何扭曲现实之处。

我也为第二卷的内容（57 幅图版和 241 个编号）提供了相关证据，附于科耶特先生的声明之后。在出版如此重要的作品时，我不希望公众质疑出版商所必备的诚实，因此我必须申明以下事实：我承认，画师法卢斯先生在他的画集中过于夸大、发散，不同副本之间也有所差异。我以其为基础编纂本书第二卷时遇到了很大困难，因为我必须区分有实证的事实与夸张的产物。我强烈怀疑第二卷末尾叫作人鱼的海怪（图版 Kkk，No.240）需要被剔除。

为了表明我的态度，我已将本书副本送到巴达维亚和安汶进行核实，如果有其他必须说明的事项，我必定会告知公众。此外，我仅认可有本人签名的为真本，其他一概不予承认。

路易 · 勒纳尔

于阿姆斯特丹

目 录

东印度海洋生物志

卷一

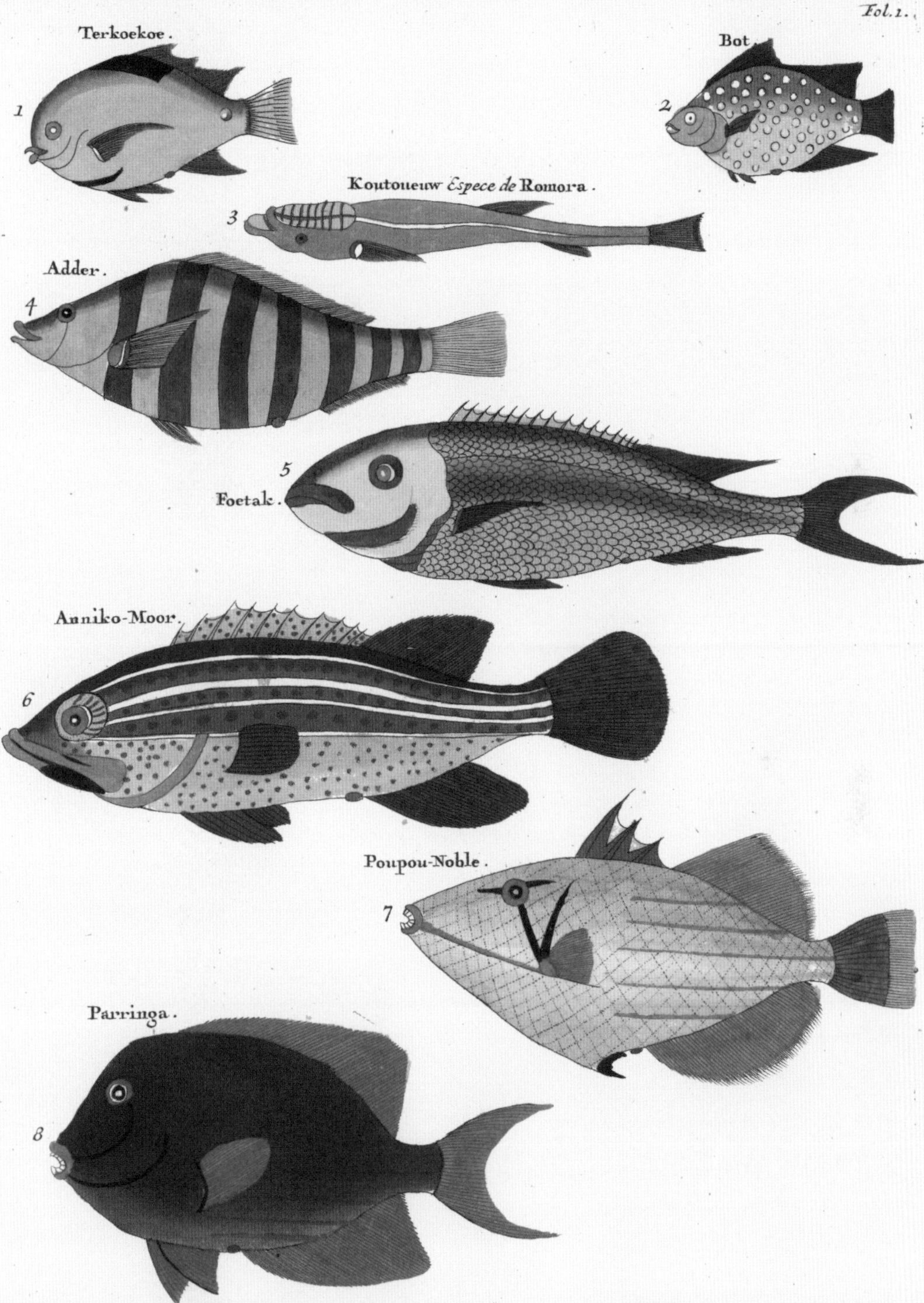
Fol. 1.
Terkoekoe.
1
Bot.
2
Koutoueuw Espece de Romora.
3
Adder.
4
5
Foetak.
Anniko-Moor.
6
Poupou-Noble.
7
Parringa.
8
a

1. 锯唇鱼 *Cheiloprion labiatus*

2. 金钱鱼 *Scatophagus argus*

3. 鲫鱼 *Echeneis naucrates*

4. 四角唇指䱵 *Cheilodactylus quadricornis*

5. 丝鳍姬鲷 *Pristipomoides filamentosus*

6. 白线光腭鲈 *Anyperodon leucogrammicus*

7. 阿氏钝鳞鲀 *Rhinecanthus assasi*

8. 蓝刺尾鱼 *Acanthurus coeruleus*

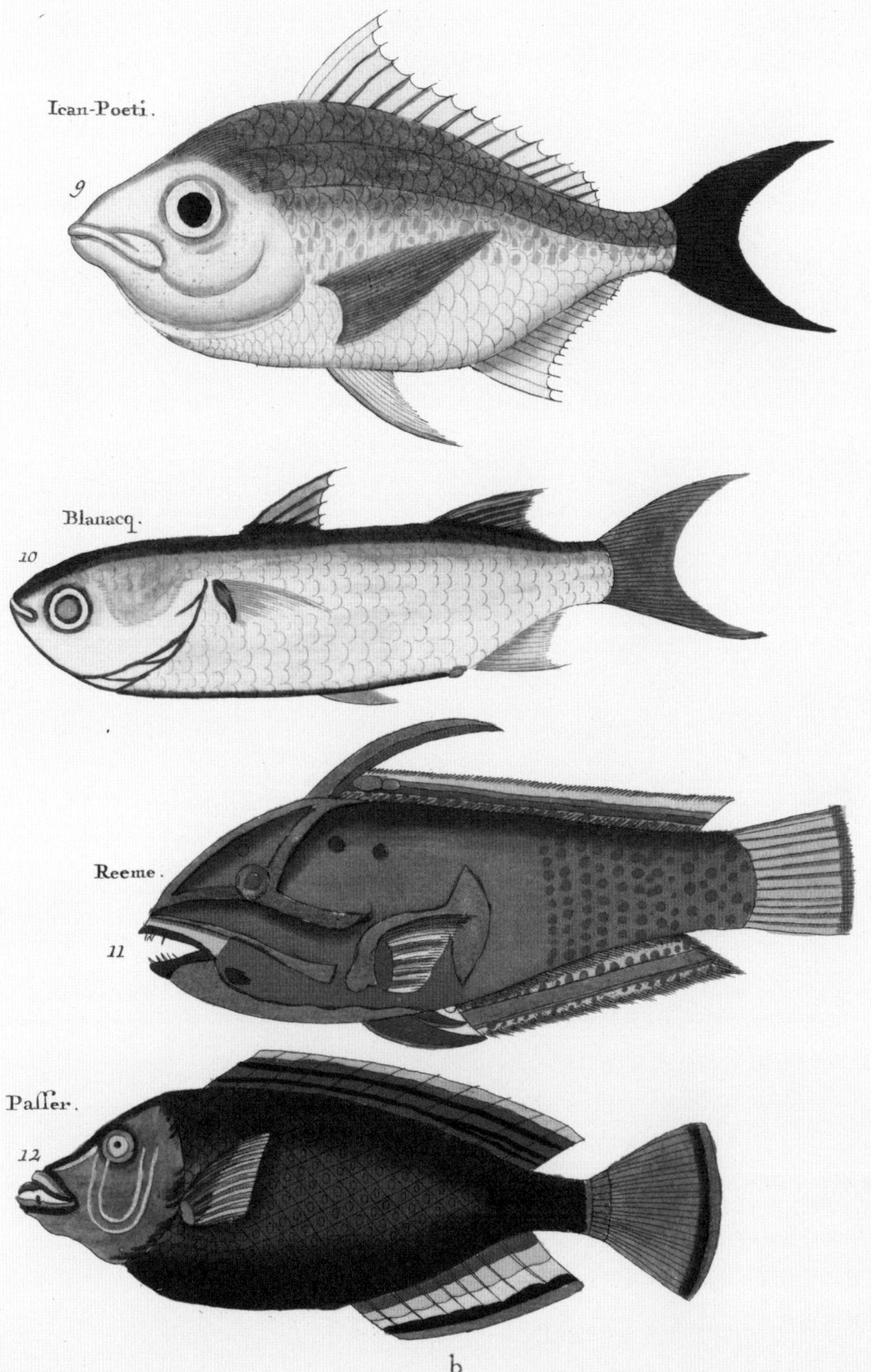
Fol. 2.
Ican-Poeti.
9
Blanacq.
10
Reeme.
11
Paſſer.
12
b

9. 灰银鲈 *Gerres cinereus*

10. 鲻鱼 *Mugil cephalus*

11. 露珠盔鱼 *Coris gaimard*

12. 单带尖唇鱼 *Oxycheilinus unifasciatus*

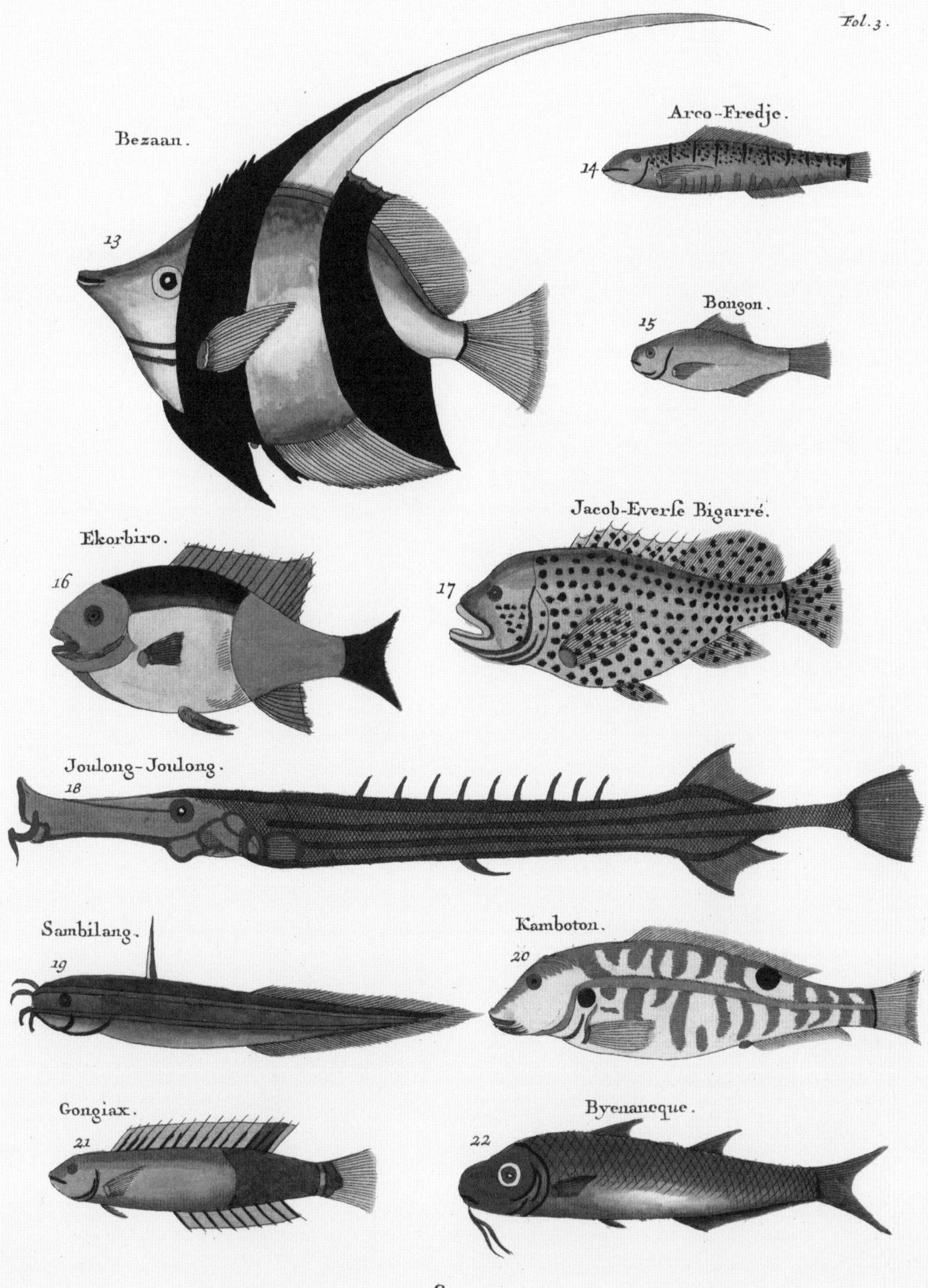
Fol. 3.
Bezaan.
13
Arco-Fredje.
14
Bougon.
15
Jacob-Everſe Bigarré.
17
Ekorbiro.
16
Joulong-Joulong.
18
Sambilang.
19
Kamboton.
20
Gongiax.
21
Byenaneque.
22
C

13. 马夫鱼 *Heniochus acuminatus*

14. 玫瑰拟鲈 *Parapercis schauinslandii*

15. 鹦嘴鱼科 Scaridae

16. 副金翅雀鲷 *Chrysiptera parasema*

17. 斑胡椒鲷 *Plectorhinchus chaetodonoides*

18. 中国管口鱼 *Aulostomus chinensis*

19. 鳗鲇 *Plotosus anguillaris*

20. 辐纹海猪鱼 *Halichoeres radiatus*，幼鱼

21. 红黄绣雀鲷 *Pictichromis paccagnellae*

22. 红背拟羊鱼 *Mulloidichthys pfluegeri*

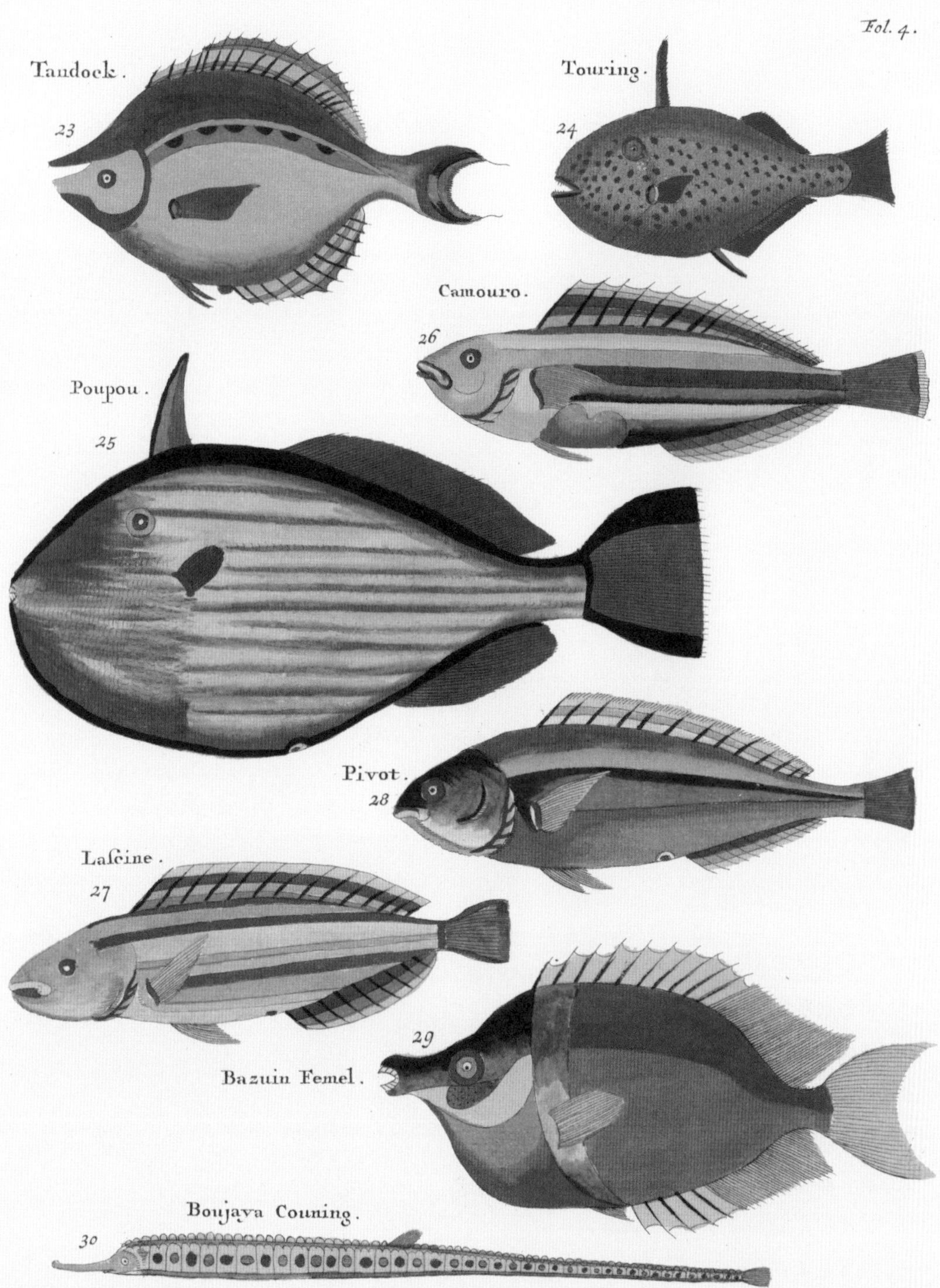
Fol. 4.
Tandock.
23
Touring.
24
Camouro.
26
Poupou.
25
Pivot.
28
Lascine.
27
29
Bazuin Femel.
Boujaya Couning.
30

d

23. 黑带黄鳞鲀 *Xanthichthys caeruleolineatus*

24. 长鳍刺单棘鲀 *Cantheschenia longipinnis*

25. 缰纹多棘鳞鲀 *Sufflamen fraenatum*

26. 锦鱼属 *Thalassoma*

27. 锦鱼属 *Thalassoma*

28. 橘背丝隆头鱼 *Cirrhilabrus aurantidorsalis*

29. 狐蓝子鱼 *Siganus vulpinus*，雌鱼

30. 冠海龙属 *Corythoichthys*

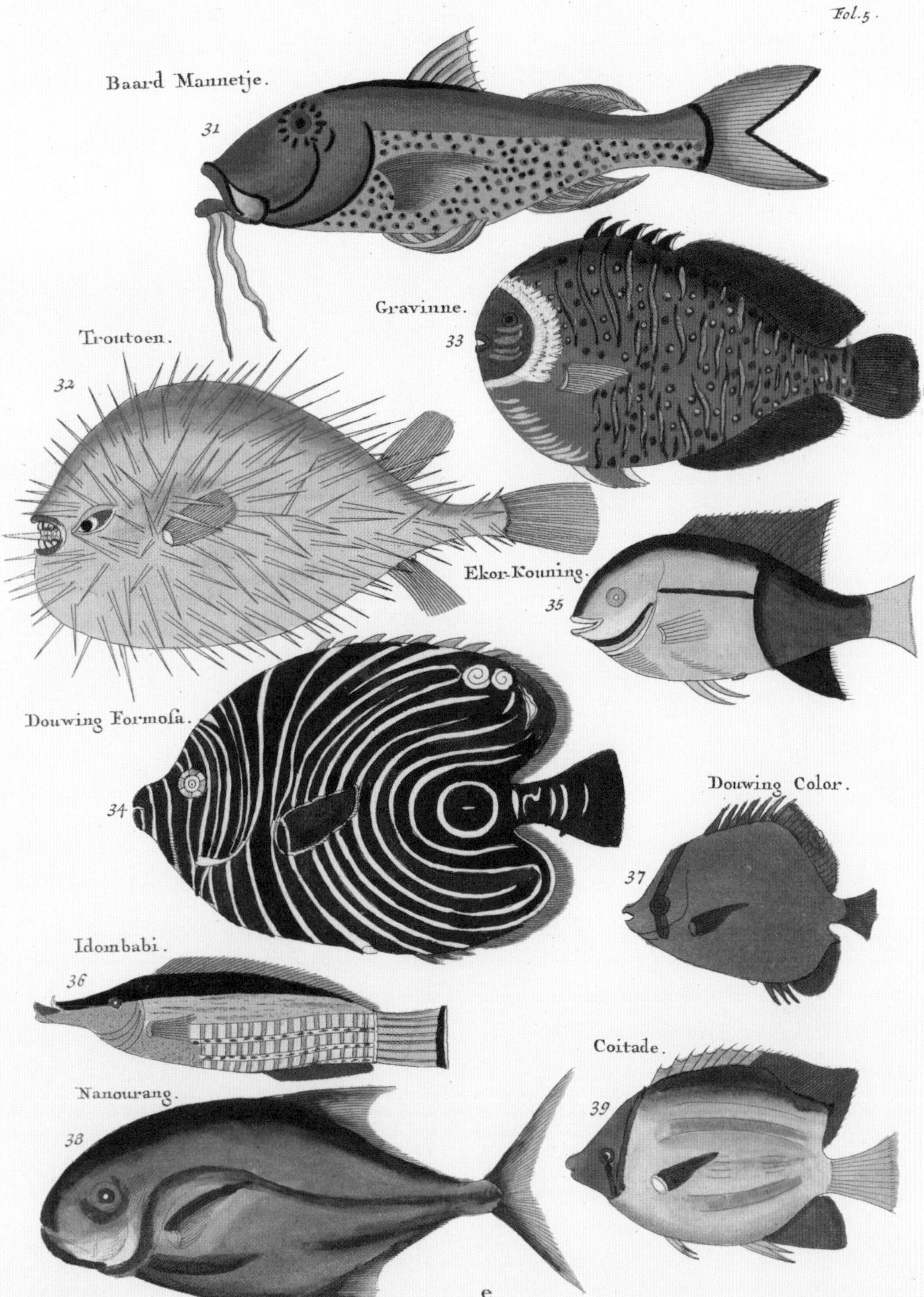
Baard Mannetje.
31
Gravinne.
33
Troutoen.
32
Ekor-Kouning.
35
Douwing Formosa.
34
Douwing Color.
37
Idombabi.
36
Coitade.
39
Nanourang.
38
e

31. 黑斑绯鲤 *Upeneus tragula*

32. 球刺鲀 *Diodon nicthemerus*

33. 双棘刺尻鱼 *Centropyge bispinosa*

34. 主刺盖鱼 *Pomacanthus imperator*，幼鱼

35. 雀鲷科 Pomacentridae

36. 杂色尖嘴鱼 *Gomphosus varius*，雌性体色

37. 鳍斑蝴蝶鱼 *Chaetodon ocellatus*

38. 鲳鲹属 *Trachinotus*

39. 刺盖鱼科 Pomacanthidae

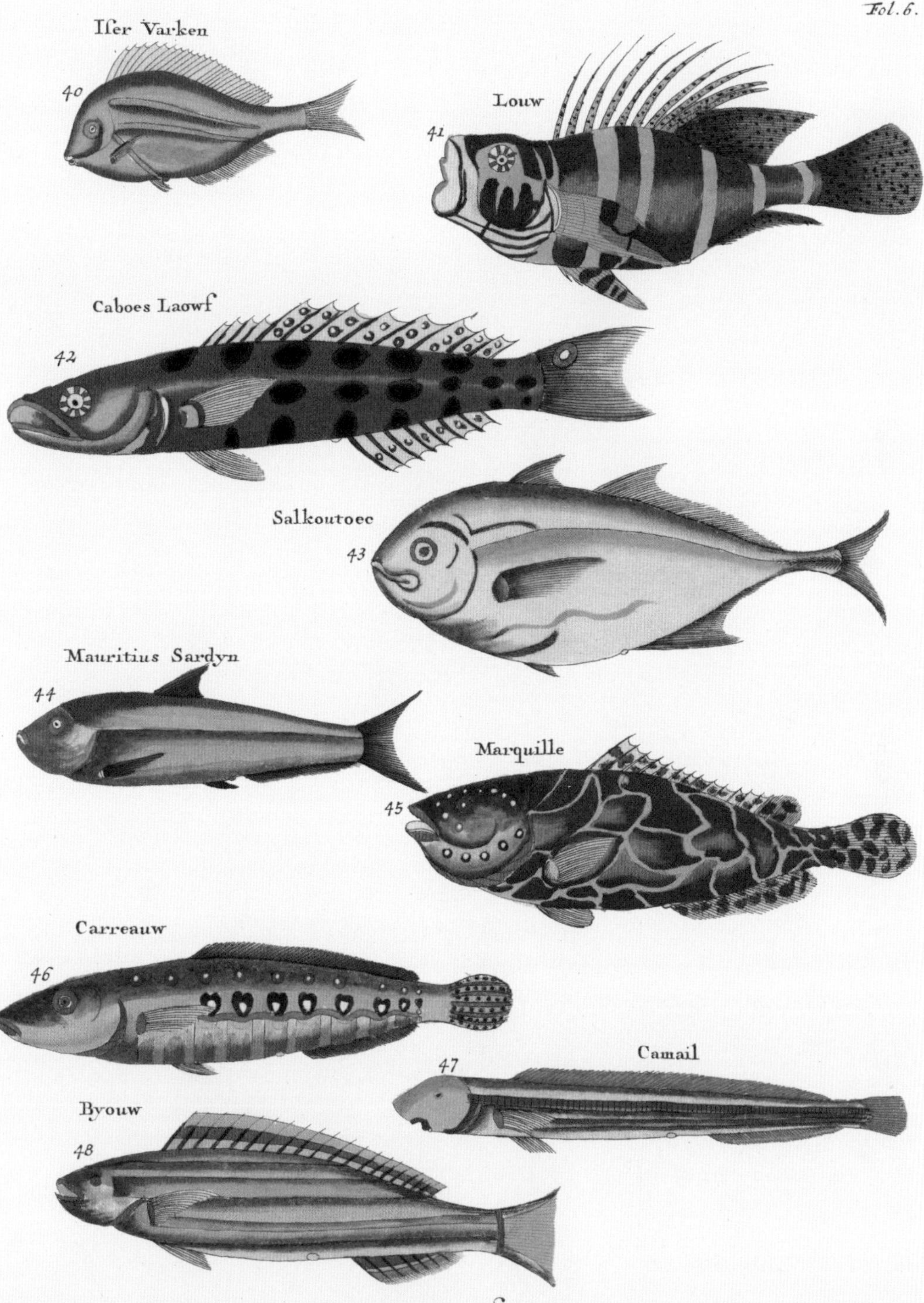
Fol. 6.
Ifer Varken
40
Louw
41
Caboes Laowf
42
Salkoutoec
43
Mauritius Sardyn
44
Marquille
45
Carreauw
46
Camail
47
Byouw
48
f

40. 纵带刺尾鱼 *Acanthurus lineatus*，幼鱼

41. 蓑鲉属 *Pterois*

42. 眼斑拟鲈 *Parapercis ommatura*

43. 黄带拟鲹 *Pseudocaranx dentex*

44. 鲱科 Clupeidae

45. 红棕石斑鱼 *Epinephelus erythrurus*

46. 雪点拟鲈 *Parapercis millepunctata*

47. 眼带鳚虾虎鱼 *Gunnellichthys curiosus*

48. 新月锦鱼 *Thalassoma lunare*

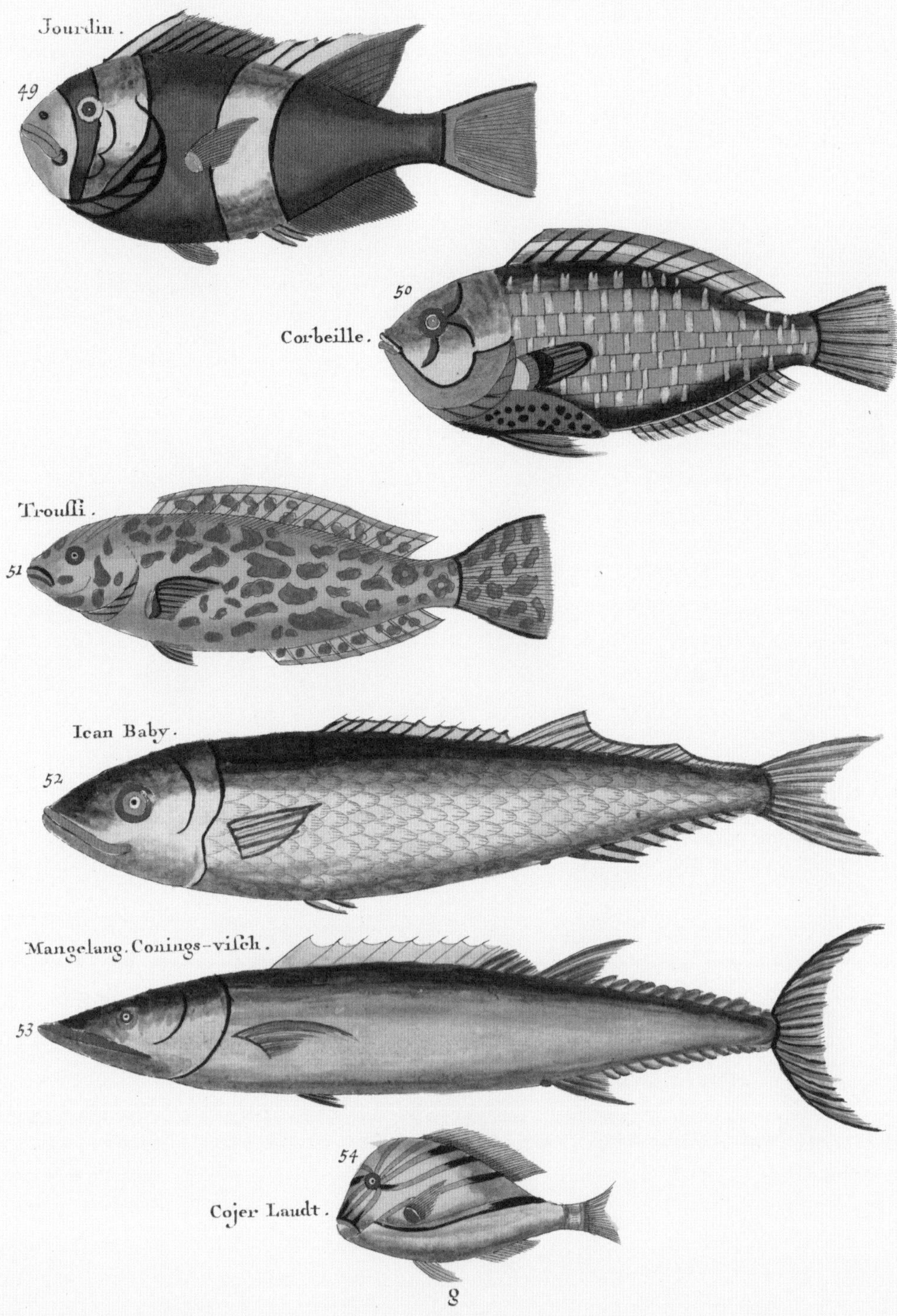

Jourdin.
49
50
Corbeille.
Trouſſi.
51
Ican Baby.
52
Mangelang. Conings-viſch.
53
54
Cojer Laudt.
8

49. 克氏双锯鱼 *Amphiprion clarkii*

50. 锦鱼属 *Thalassoma*

51. 珠斑大咽齿鱼 *Macropharyngodon meleagris*，雄鱼

52. 鰤属 *Seriola*

53. 康氏马鲛 *Scomberomorus commerson*

54. 纵带刺尾鱼 *Acanthurus lineatus*

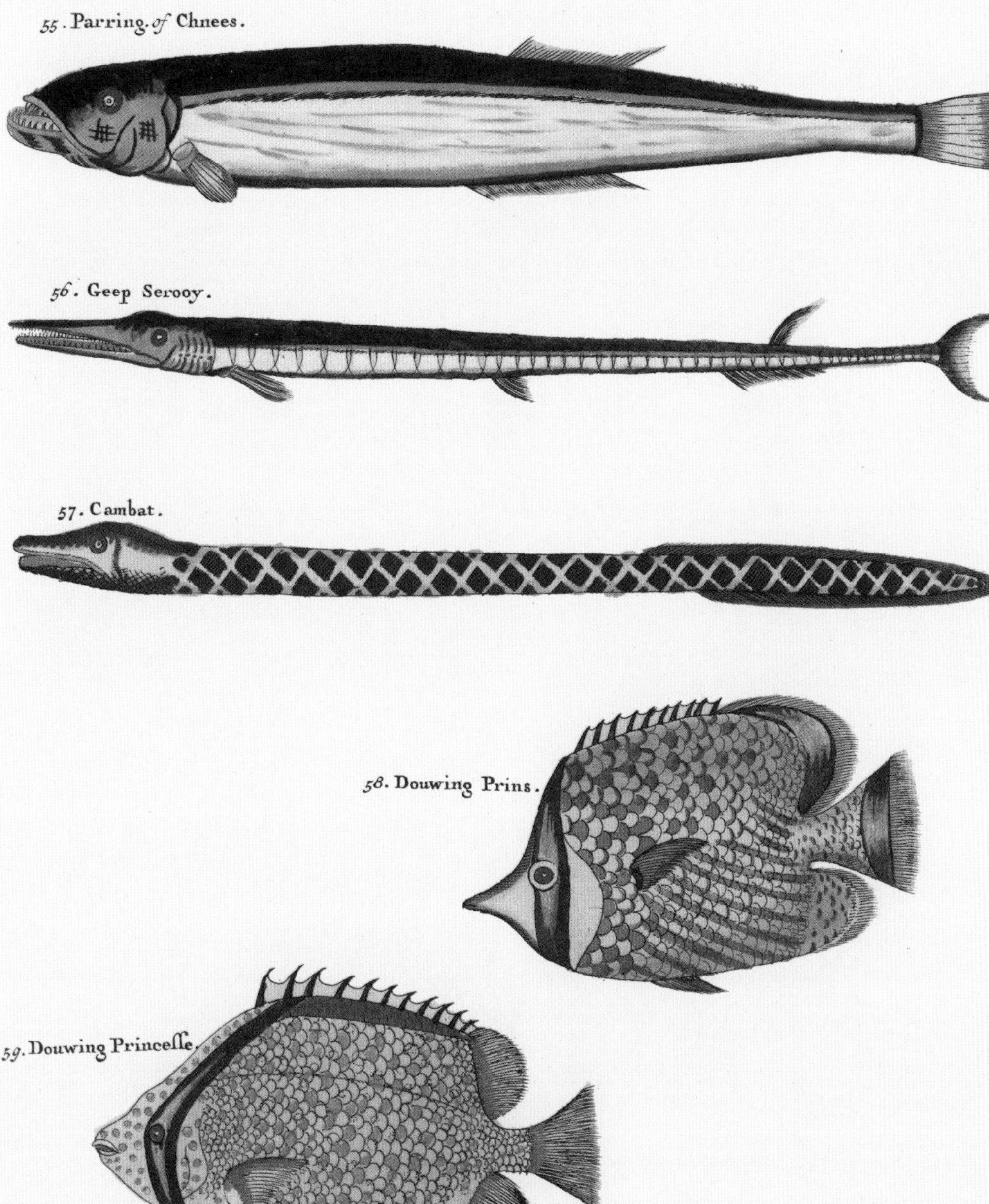
55. Parring. of Chnees.
56. Geep Serooy.
57. Cambat.
58. Douwing Prins.
59. Douwing Princeſſe.

h.

55. 脂眼鲱 *Etrumeus teres*

56. 东非宽尾颌针鱼 *Platybelone argalus platyura*

57. 豆点裸胸鳝 *Gymnothorax favagineus*

58. 格纹蝴蝶鱼 *Chaetodon rafflesii*

59. 密点蝴蝶鱼 *Chaetodon citrinellus*

60. Macolor. Espece de Kakatoe.
ou Poisson Perroket.

61. Cabbellaau de l'isle Maurice.

62. Voorn de l'isle Maurice.

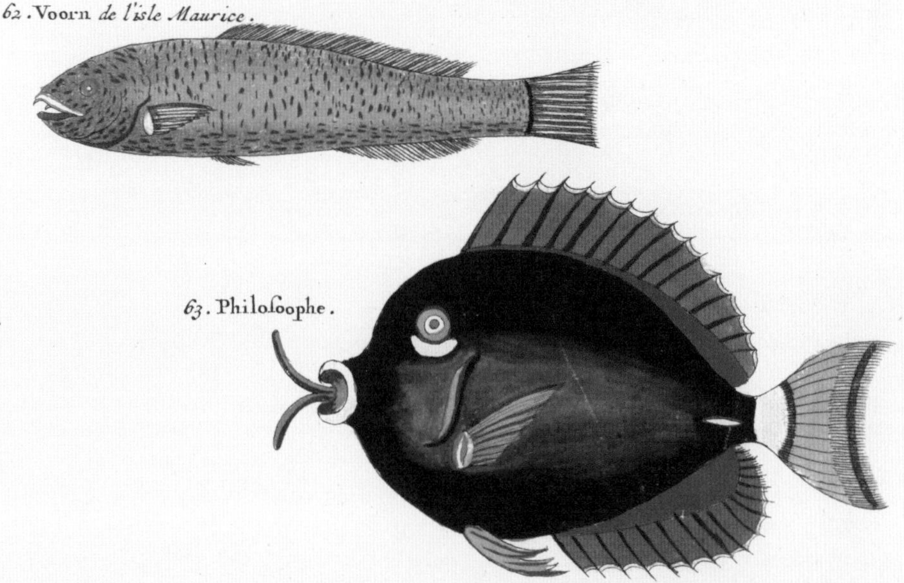
63. Philosophe.

i.

60. 黑羽鳃笛鲷 *Macolor niger*，幼鱼

61. 少耙胡椒鲷 *Plectorhinchus lessonii*，幼鱼

来自毛里求斯岛。

62. 盖斑鹦鲷 *Sparisoma atomarium*

来自毛里求斯岛。

63. 白面刺尾鱼 *Acanthurus nigricans*

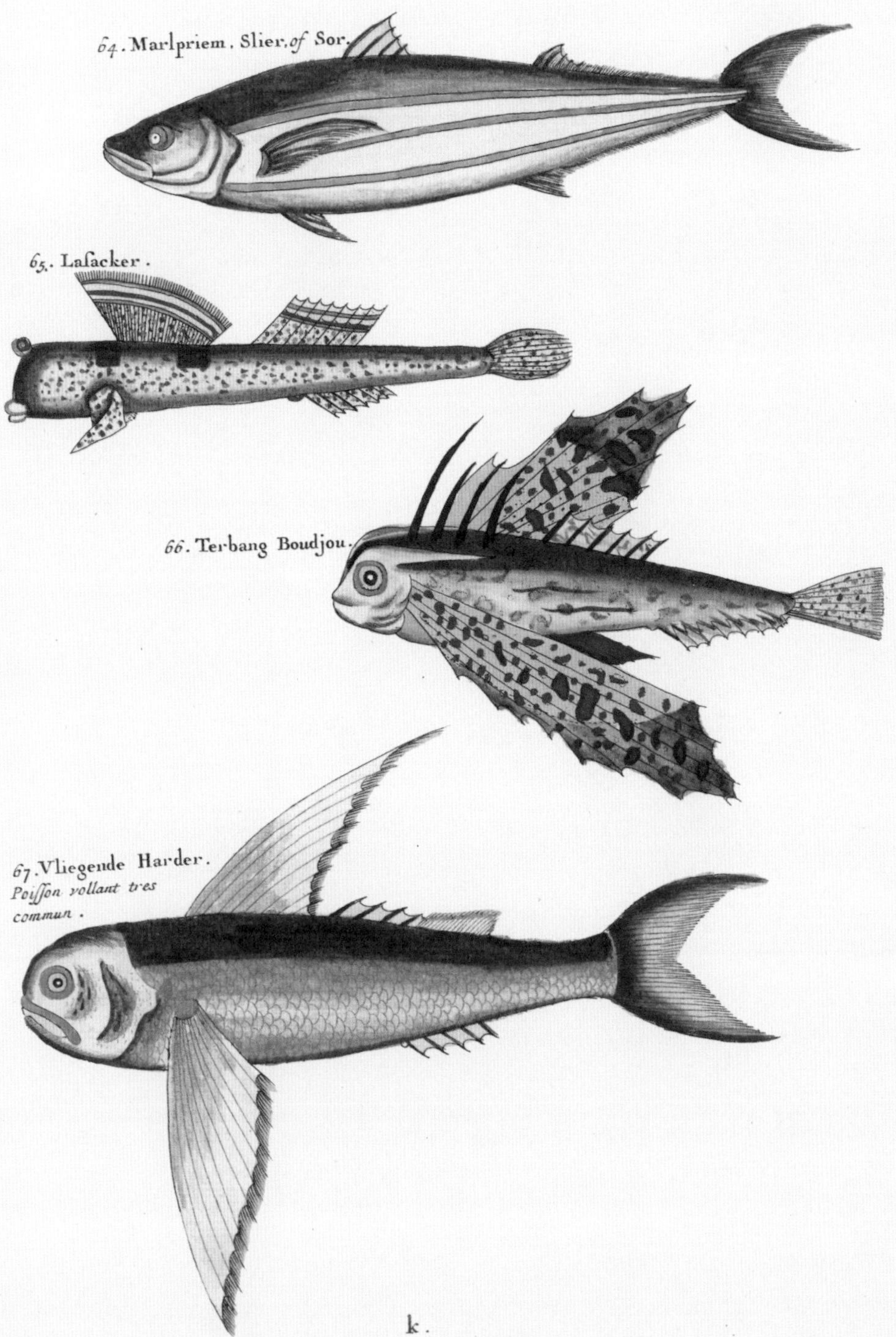
64. Marlpriem. Slier, of Sor.
65. Lasacker.
66. Terbang Boudjou.
67. Vliegende Harder.
Poisson vollant tres
commun.

k.

64. 纺锤鰤 *Elagatis bipinnulata*

65. 印度弹涂鱼 *Periophthalmodon septemradiatus*

66. 东方豹鲂鮄 *Dactyloptena orientalis*

67. 燕鳐属 *Cypselurus*

非常常见的飞鱼。

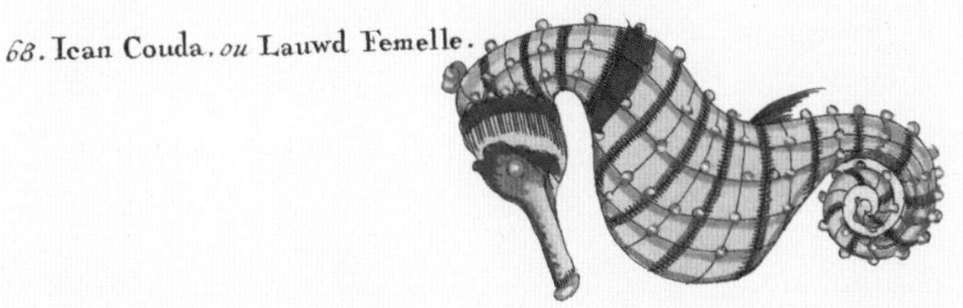

68. Icau Couda, *ou* Lauwd Femelle.

69. Ewauwe Pangay *ou* Luey.

70. Canjounou.

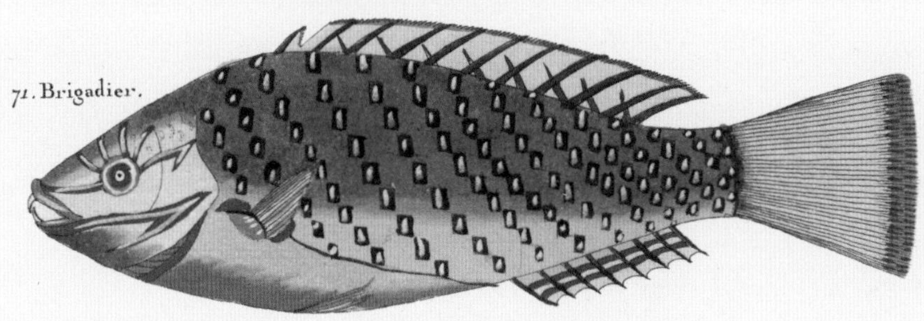

71. Brigadier.

1.

68. 海马属 *Hippocampus*，雌性

69. 拟态革鲀 *Aluterus scriptus*

70. 斑点九棘鲈 *Cephalopholis argus*

71. 蓝点猪齿鱼 *Choerodon cauteroma*

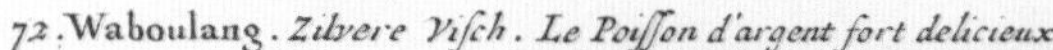

72. Waboulang. *Zilvere Visch. Le Poiſſon d'argent fort delicieux.*

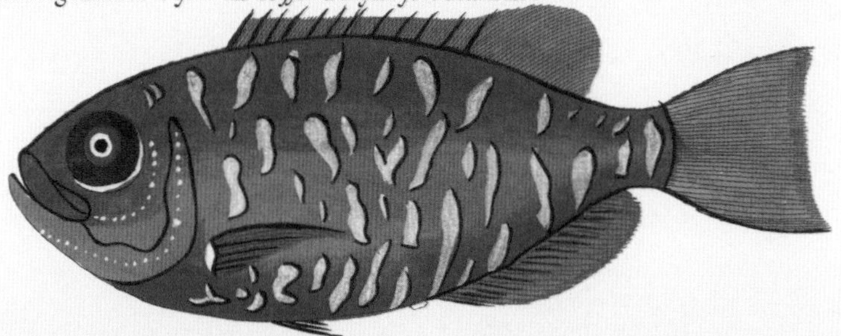

73. Bouaya. *Il Sifle qu'on l'entend de fort loing en mer. Ce poiſſon vit aſſez long temps hors de l'eau. On peut le tortiller comme un mouchoir et le porter ainſi dans la poche d'où quand on le retire il reprend ſubitement ſa figure.*

74. Turbot *de l'isle Maurice très-bon.*

76. Beſaantie. *Le petit Voillier dont il y a pluſieurs especes.*

75. Galioen Viſch.

m.

72. 麦氏大鳞大眼鲷 *Pristigenys meyeri*

这种银色[*]的鱼非常鲜美。

73. 大吻海蠋鱼 *Halicampus macrorhynchus*

这种生物发出的哨音在海上传播得很远，[†]它离水之后仍然能长时间存活。人们可以将它像手帕一样卷起来，放进口袋。回到水中之后，它会立刻恢复原状。

74. 单斑蓝子鱼 *Siganus unimaculatus*

来自毛里求斯岛，非常美味。

75. 尖翅燕鱼 *Platax teira*，幼鱼

76. 角镰鱼 *Zanclus cornutus*

有许多同类物种。[‡]

---

* 原文如此。大眼鲷属物种鳞片能够反光，呈现出银色。

† 部分鱼类确实会发声，但没有见到海龙科发出声音的记载。

‡ 角镰鱼属于镰鱼科，仅一属一种。原文或许与蝴蝶鱼科马夫鱼混淆了。镰鱼的吻上方有三角形黄斑，马夫鱼没有。

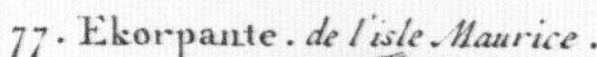
77. Ekorpante. *de l'isle Maurice.*

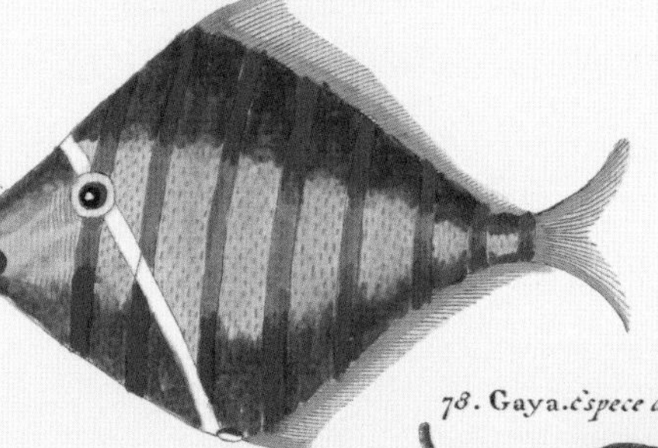

78. Gaya. *espece de poisson de Paradis.*

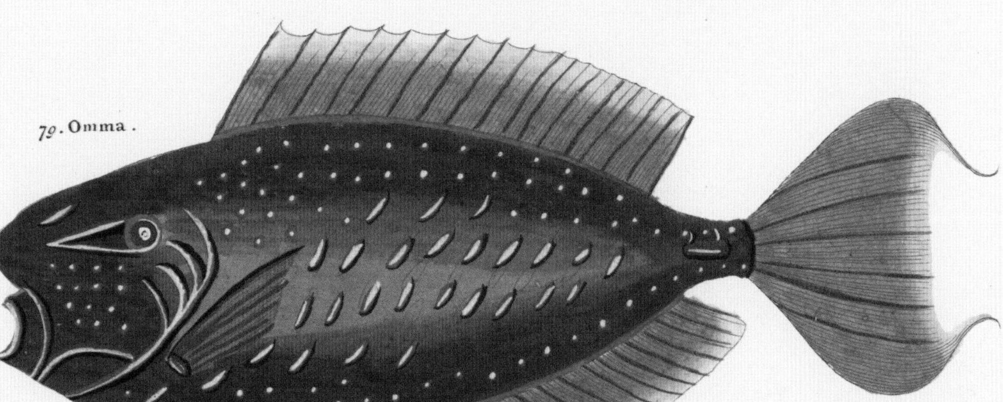

79. Omma.

80. Moriat Lauwf. *ou* Duc.

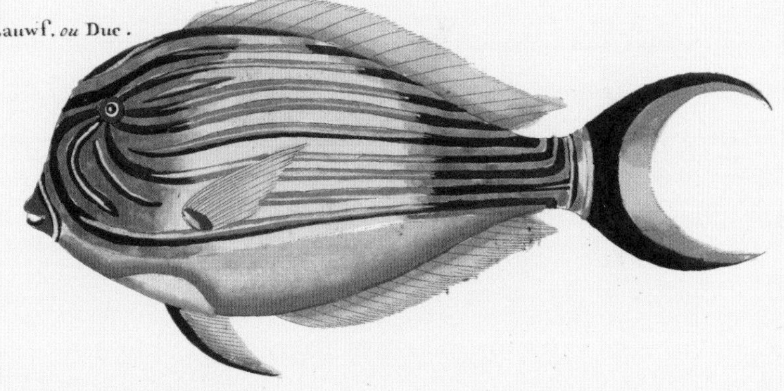

11.

77. 方鲷属 *Capros*

来自毛里求斯岛。

78. 长吻棘鳅 *Macrognathus aculeatus*

又叫天堂鱼。

79. 丝尾鼻鱼 *Naso vlamingii*

80. 纵带刺尾鱼 *Acanthurus lineatus*

又叫公爵。

81 . **Duchesse.** *C'est une espece de Douwing dont il y a très-grand nombre de diverses especes.*

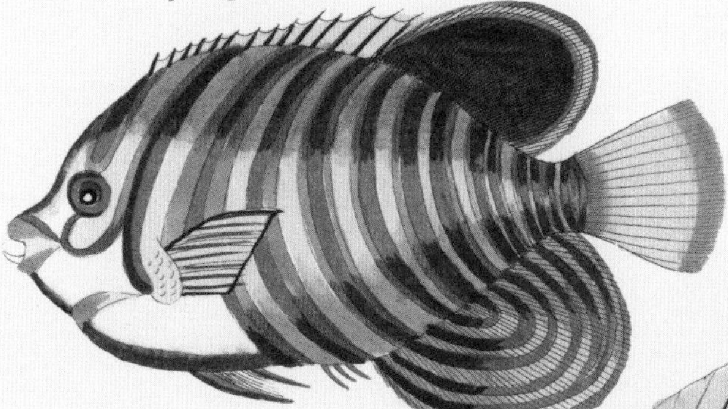

82 . **Caantie.** *Tête de cochon. Mangeur d'huitres.*

83 . **Juffertie.** *Petite Demoiselle.*

84 . **Banda.** *bon et commun.*

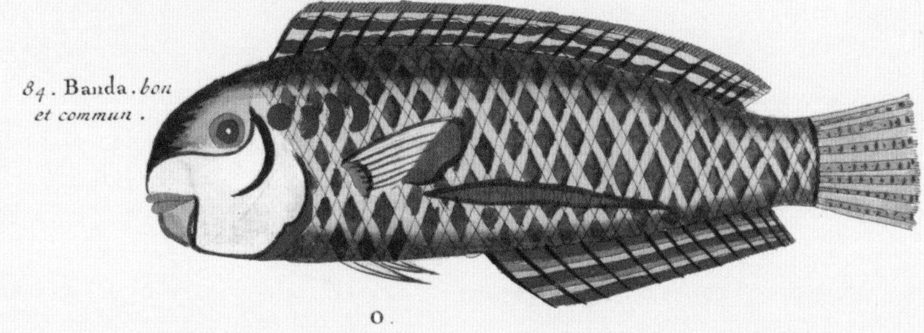

O.

81. 双棘甲尻鱼 *Pygoplites diacanthus*

也叫公爵夫人；它所属的类群物种甚多，体色多样。

82. 小高鳍刺尾鱼 *Zebrasoma scopas*

头部类似猪，以牡蛎为食。*

83. 杂色尖嘴鱼 *Gomphosus varius*，幼鱼

84. 灰红鹦鲷 *Sparisoma griseorubrum*

好吃，也很常见。

---

* 原文有误，高鳍刺尾鱼属以岩石上的有机碎屑和藻类为食。

85. Toutetou-Mamel.

86. S^t. Peters. *ou poisson de cinq doigts*.

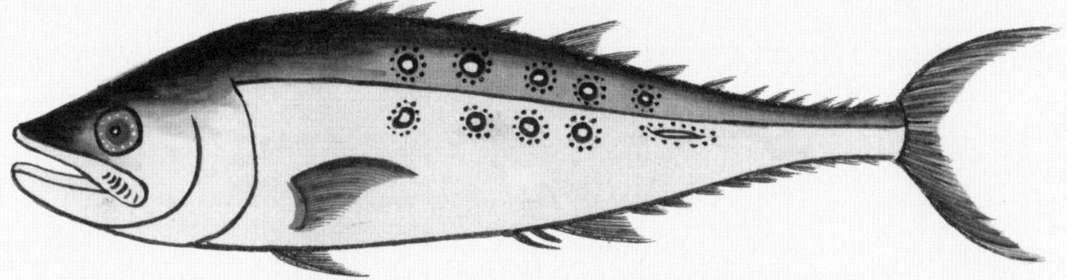

87. Pesque Cavalle, Coblyn *ou* Lema.

88. Turin Saratse.

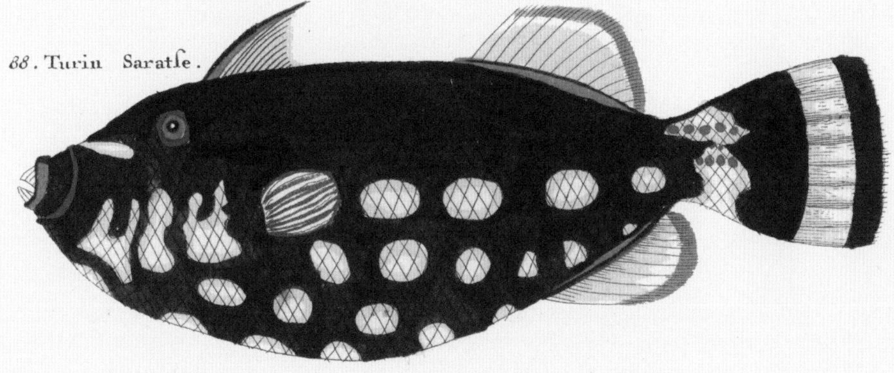

P.

85. 摩鹿加单鳍鱼 *Pempheris molucca*

86. 长颌似鲹 *Scomberoides lysan*

也叫圣彼得或五点鱼。

87. 小鼻绿鹦嘴鱼 *Chlorurus microrhinos*

88. 花斑拟鳞鲀 *Balistoides conspicillum*

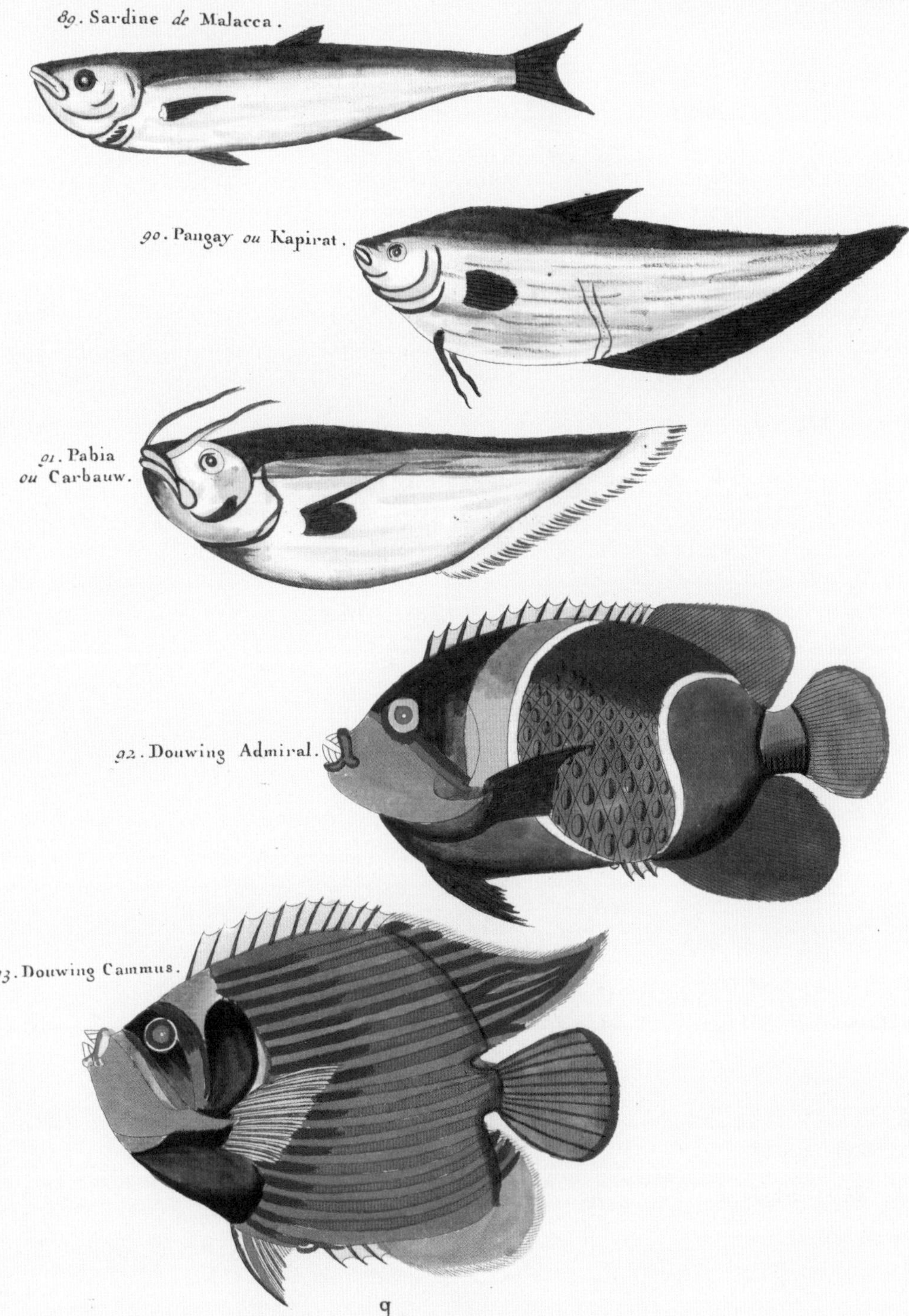
89. Sardine de Malacca.
90. Pangay ou Kapirat.
91. Pabia ou Carbauw.
92. Douwing Admiral.
93. Douwing Cammus.
q.

89. 鲱科 Clupeidae

90. 鼬鳚科 Ophidiidae

91. 鳗鲇属 *Plotosus*

92. 马鞍刺盖鱼 *Pomacanthus navarchus*

93. 主刺盖鱼 *Pomacanthus imperator*，成鱼

Fol. 17.

r.

94. 红斑裸颊鲷 *Lethrinus conchyliatus*

95. 锯棘巨花鮨 *Giganthias serratospinosus*

96. 黑边角鳞鲀 *Melichthys vidua*

97. 格纹海猪鱼 *Halichoeres hortulanus*

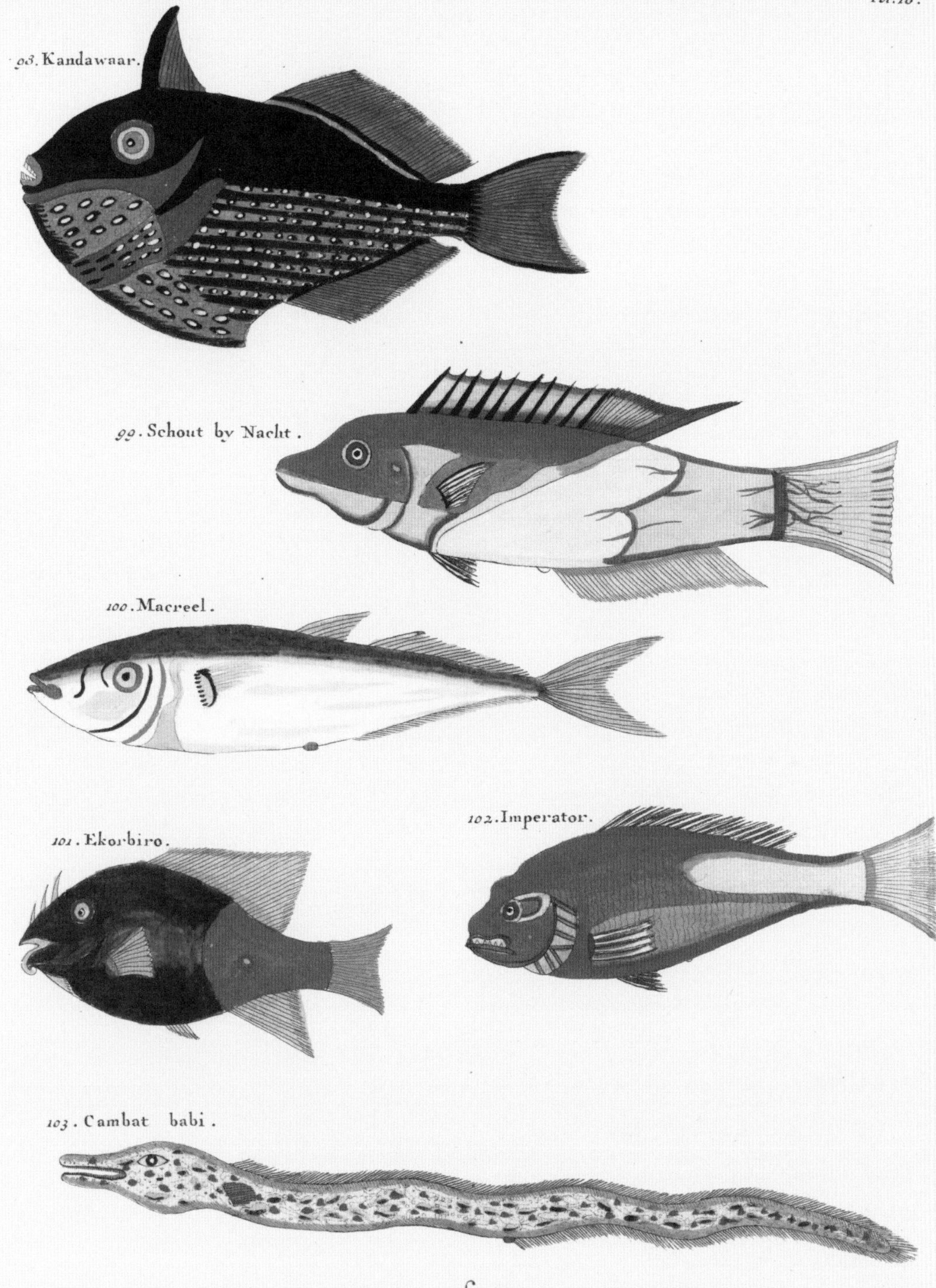
Fol. 18.
98. Kandawaar.
99. Schout by Nacht.
100. Macreel.
101. Ekorbiro.
102. Imperator.
103. Cambat babi.
L.

98. 黄纹鳞鲀 *Xanthichthys auromarginatus*

99. 中胸普提鱼 *Bodianus mesothorax*

100. 鰤属 *Seriola*

101. 副金翅雀鲷 *Chrysiptera parasema*

102. 副鎓 *Paracirrhites arcatus*

103. 东印度洋鳗鲡 *Anguilla bengalensis labiata*

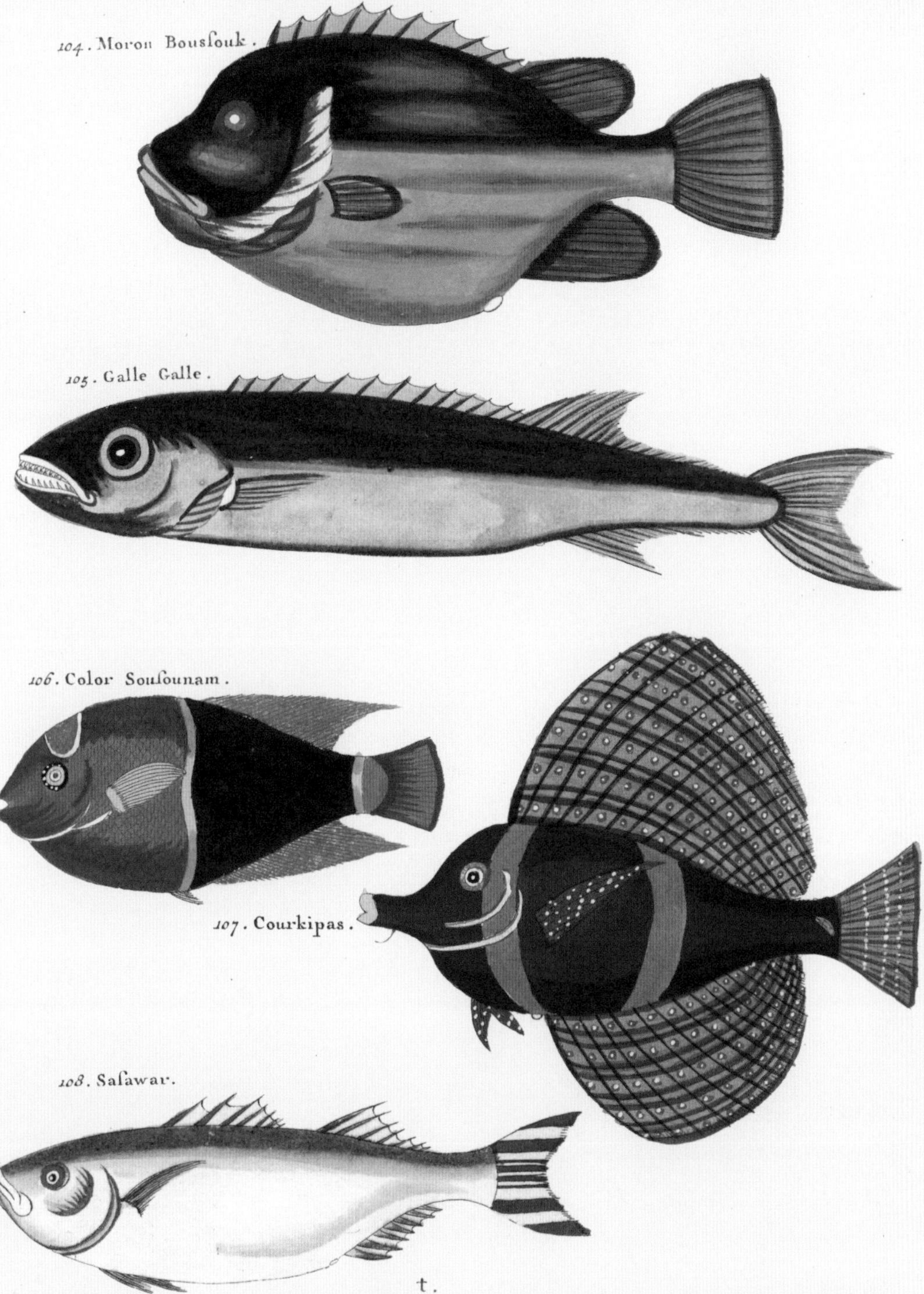
104. Moron Bousfouk.
105. Galle Galle.
106. Color Soufounam.
107. Courkipas.
108. Safawar.
t.

104. 黄鳍石斑鱼 *Epinephelus flavocaeruleus*

105. 纺锤蛇鲭 *Promethichthys prometheus*

106. 双色刺尻鱼 *Centropyge bicolor*

107. 高鳍刺尾鱼 *Zebrasoma veliferum*

108. 花身鯻 *Terapon jarbua*

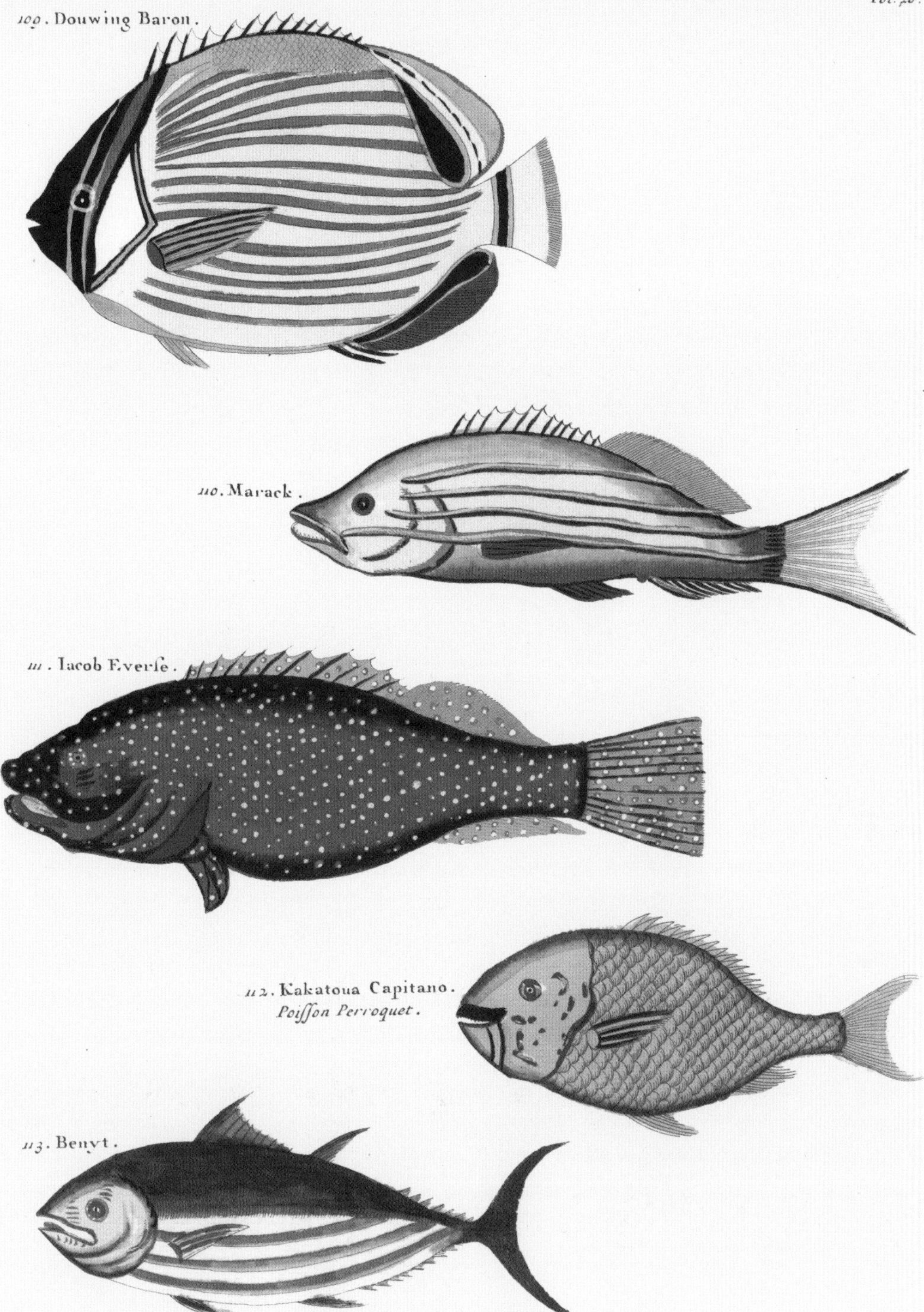
109. Douwing Baron.
110. Marack.
111. Iacob Everſe.
112. Kakatoua Capitano.
Poiſſon Perroquet.
113. Benyt.
u.

109. 弓月蝴蝶鱼 *Chaetodon lunulatus*

110. 四线笛鲷 *Lutjanus kasmira*

111. 青星九棘鲈 *Cephalopholis miniata*

112. 绿鹦鲷 *Sparisoma viride*，雄鱼

113. 鲣鱼 *Katsuwonus pelamis*

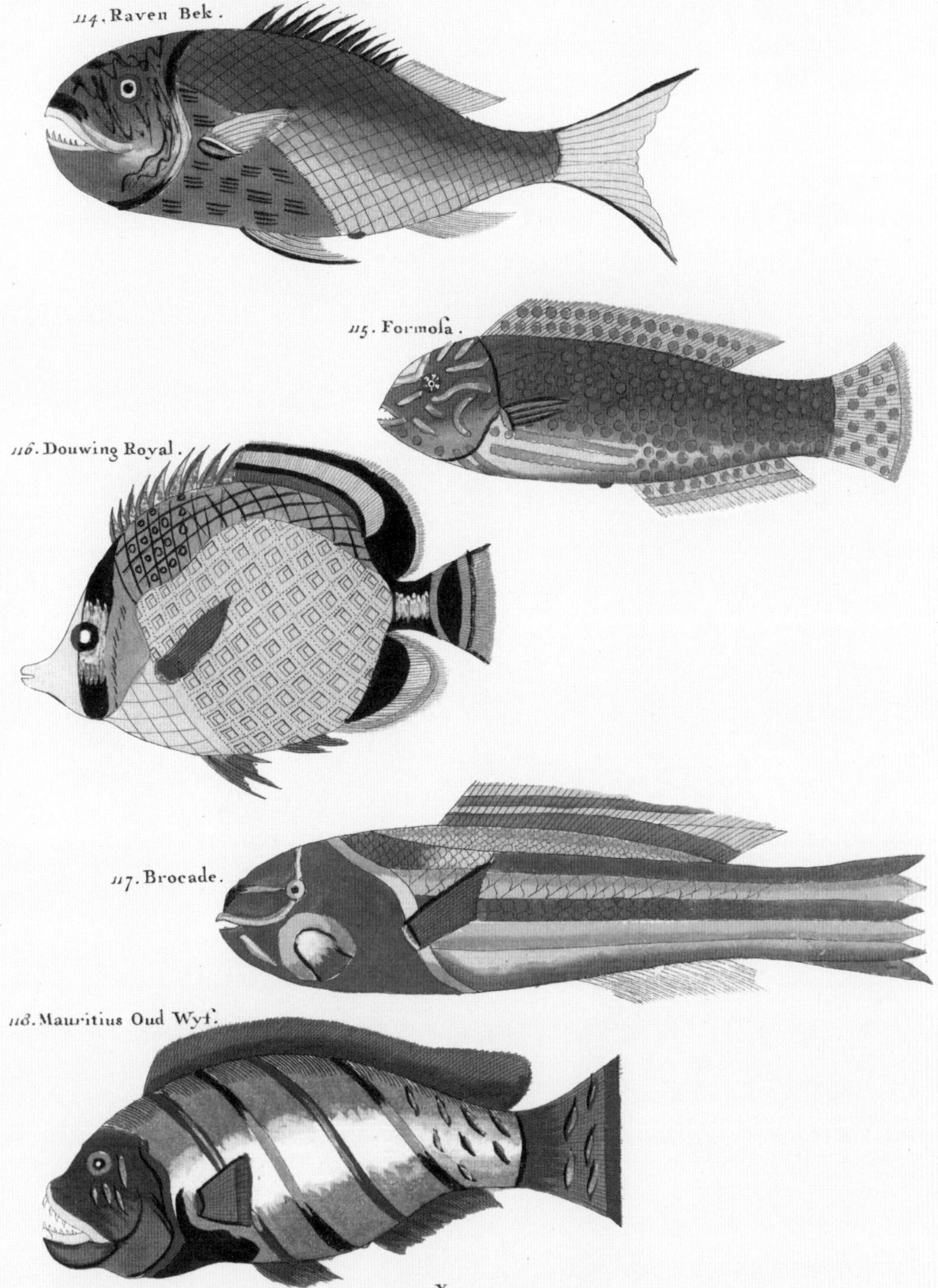
Fol. 21.
114. Raven Bek.
115. Formosa.
116. Douwing Royal.
117. Brocade.
118. Mauritius Oud Wyf.
X.

114. 绿鹦鲷 *Sparisoma viride*，雌鱼

115. 青斑阿南鱼 *Anampses caeruleopunctatus*

116. 格纹蝴蝶鱼 *Chaetodon rafflesii*

117. 紫锦鱼 *Thalassoma prupureum*

118. 花尾唇指鎓 *Cheilodactylus zonatus*

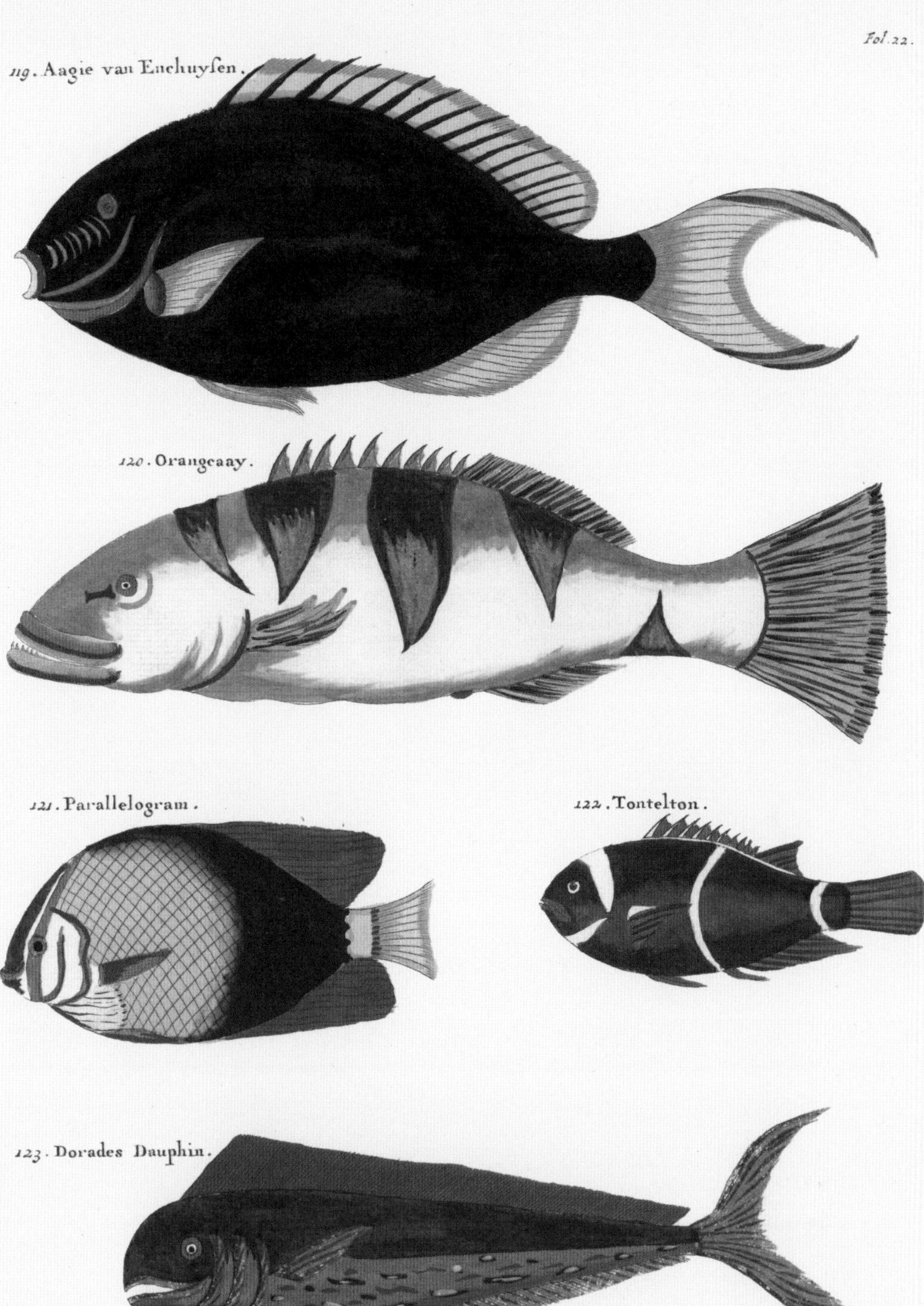
Fol. 22.
119. Aagie van Enchuyſen.
120. Orangeaay.
121. Parallelogram.
122. Tontelton.
123. Dorades Dauphin.
Y.

119. 颊吻鼻鱼 *Naso lituratus*

120. 黑鞍鳃棘鲈 *Plectropomus laevis*，幼鱼

121. 黄尾荷包鱼 *Chaetodontoplus mesoleucus*

122. 三带双锯鱼 *Amphiprion tricinctus*

123. 鲯鳅 *Coryphaena hippurus*

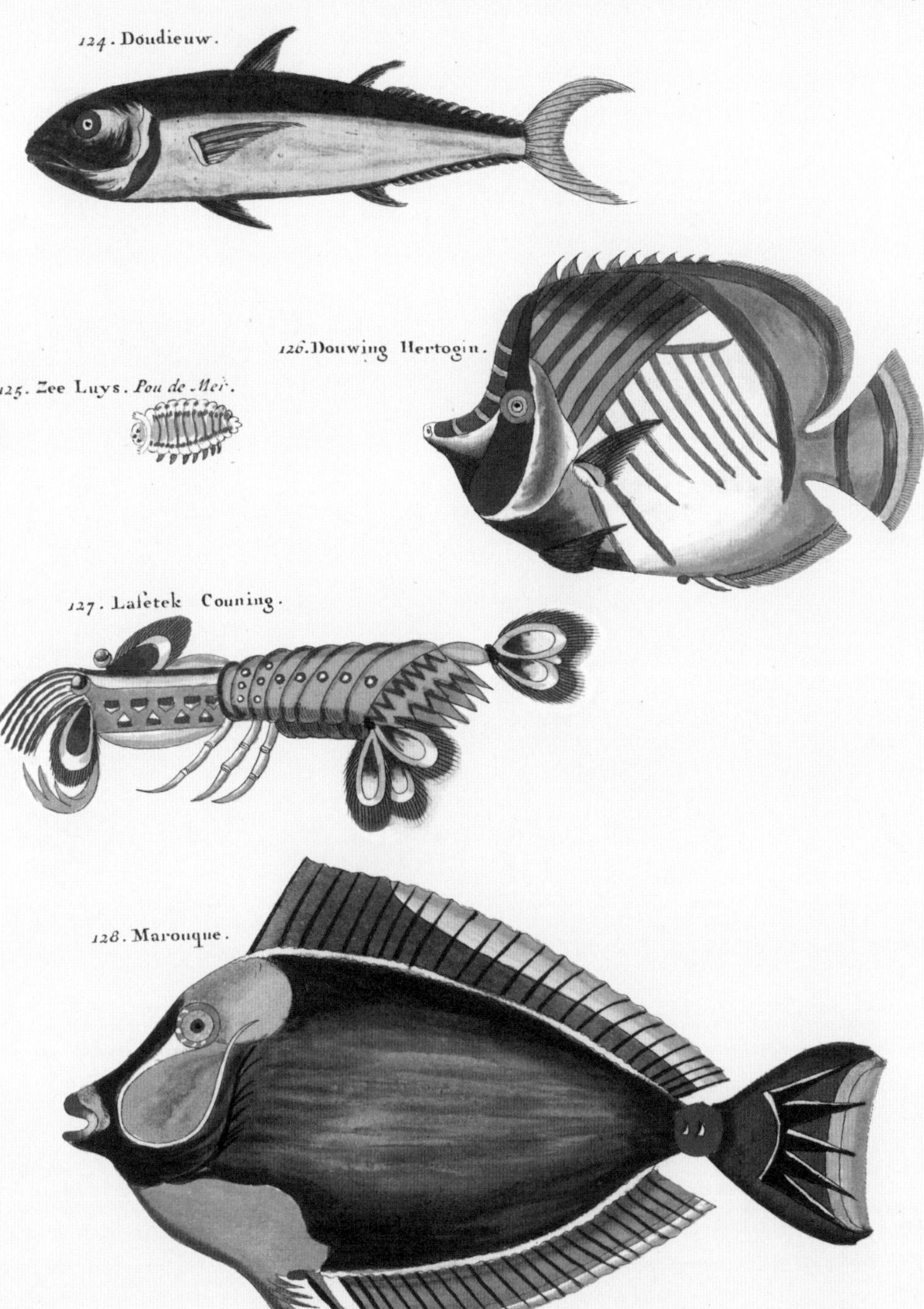
Fol. 23.
124. Doudieuw.
126. Douwing Hertogin.
125. Zee Luys. Pou de Mer.
127. Lasetek Couning.
128. Marouque.
Z.

124. 舵鲣属 *Auxis*

125. 缩头水虱属 *Cymothoa*

126. 斜纹蝴蝶鱼 *Chaetodon vagabundus*

127. 蝉形齿指虾蛄 *Odontodactylus scyllarus*

128. 颊吻鼻鱼 *Naso lituratus*

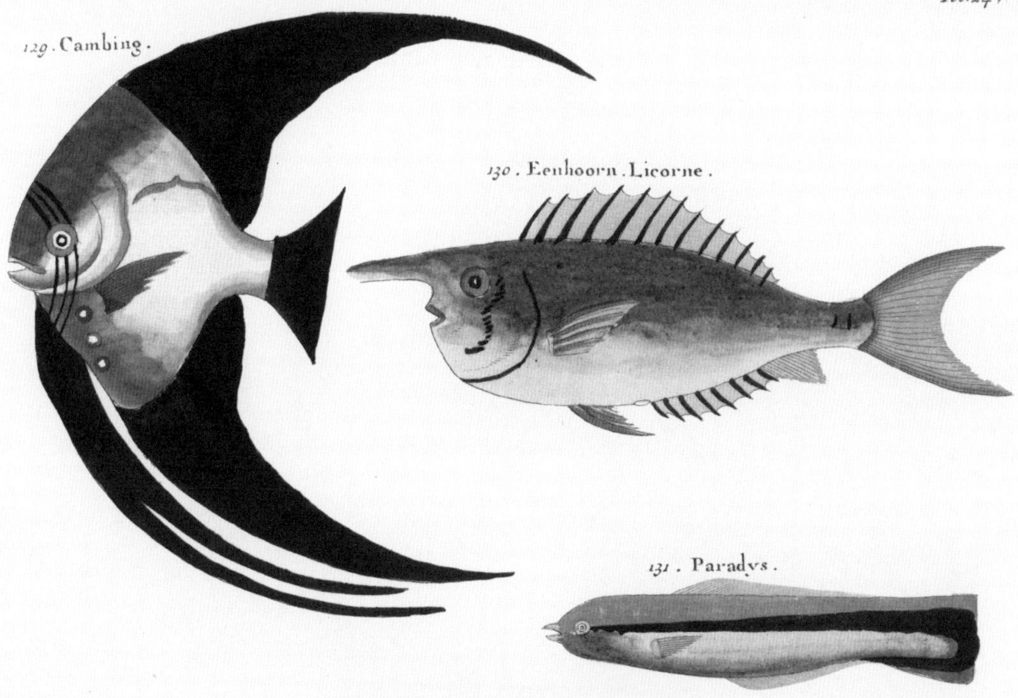
129. Cambing.
130. Eenhoorn. Licorne.
131. Paradys.

132. Phoenix.

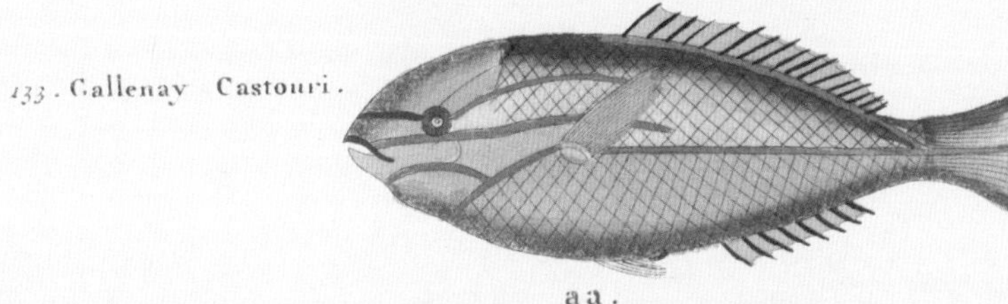
133. Gallenay Castouri.

aa.

129. 尖翅燕鱼 *Platax teira*

130. 单角鼻鱼 *Naso unicornis*

131. 裂唇鱼 *Labroides dimidiatus*

132. 横带唇鱼 *Cheilinus fasciatus*

133. 黑星紫胸鱼 *Stethojulis bandanensis*

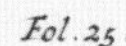

134. Ewauwe.

135. Douwing Marquis.

136. Steen Braſſem.

137. Ongirat.

138. Ican Ticus.

139. Mauritius Blick.

bb.

134. 细斑前孔鲀 *Cantherhines pardalis*

135. 麦氏蝴蝶鱼 *Chaetodon meyeri*

136. 裸颊鲷属 *Lethrinus*

137. 蠕纹蓝子鱼 *Siganus vermiculatus*

138. 索氏尖鼻鲀 *Canthigaster solandri*

139. 天竺鲷科 Apogonidae

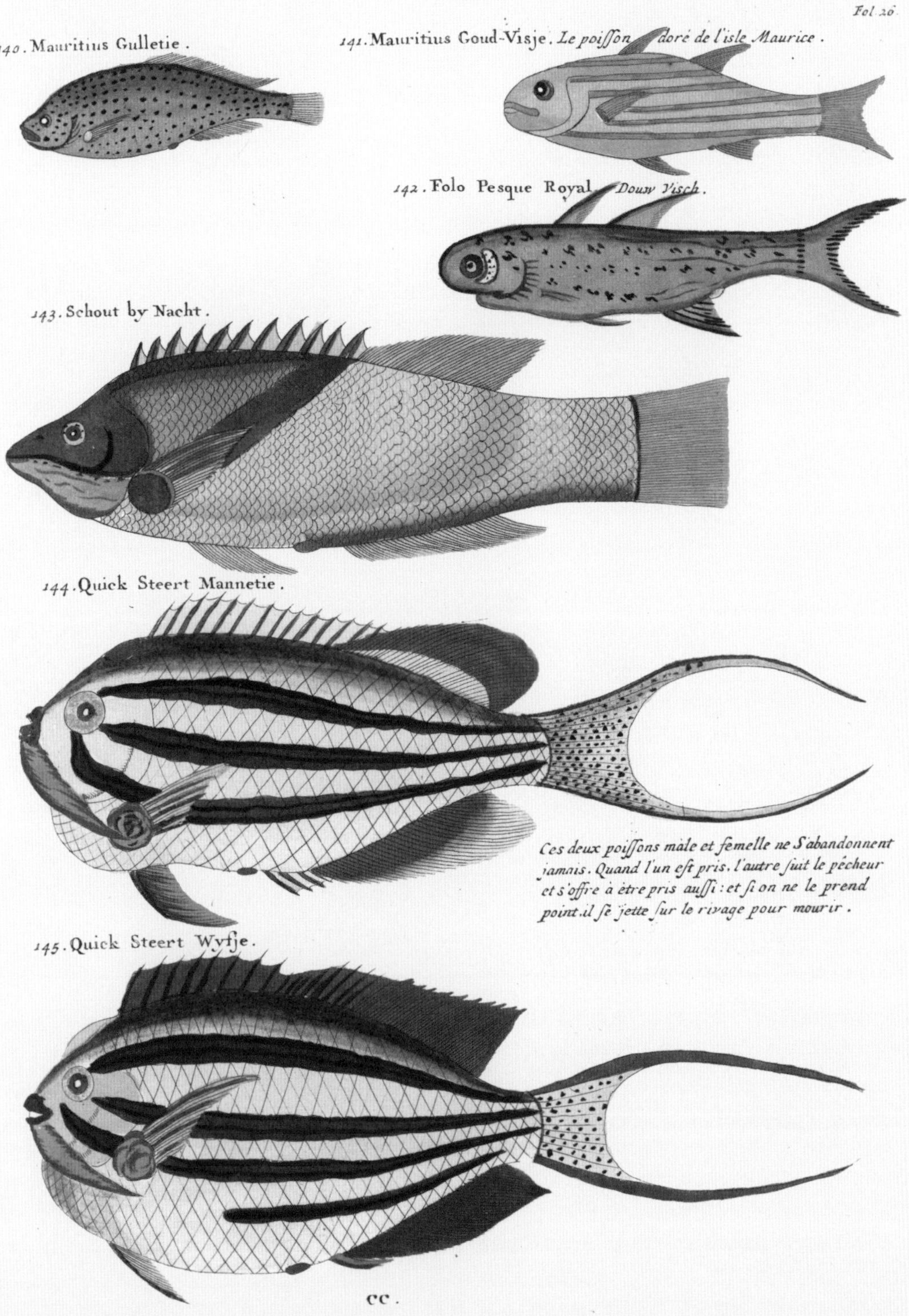

140. Mauritius Gulletie.

141. Mauritius Goud-Visje. *Le poisson doré de l'isle Maurice.*

142. Folo Pesque Royal. *Douw Visch.*

143. Schout by Nacht.

144. Quick Steert Mannetie.

Ces deux poissons mâle et femelle ne s'abandonnent jamais. Quand l'un est pris, l'autre suit le pêcheur et s'offre à être pris aussi : et si on ne le prend point, il se jette sur le rivage pour mourir.

145. Quick Steert Wyfje.

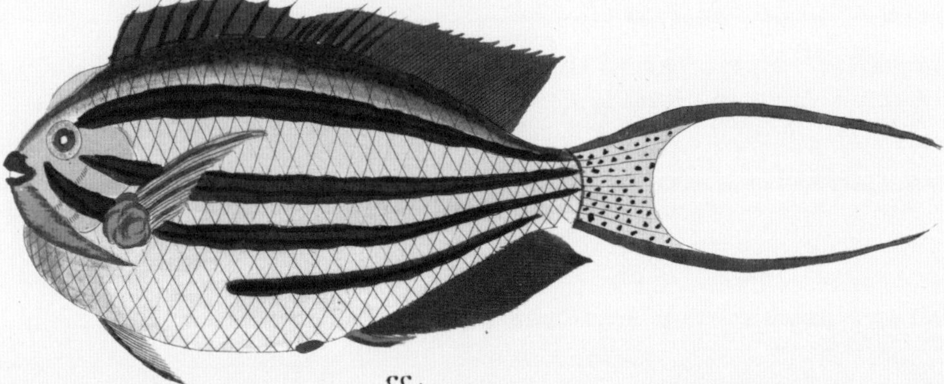

cc.

140. 海猪鱼属 *Halichoeres*

141. 黄带天竺鲷 *Apogon properupta*

来自毛里求斯岛的黄金鱼。

142. 马鲅科 Polynemidae

143. 中胸普提鱼 *Bodianus mesothorax*

144. 月蝶鱼 *Genicanthus lamarck*，雄鱼状态

一对雌雄月蝶鱼相互配对之后，便会不离不弃，从一而终。如果其中一条被抓到，另一条会追着渔夫以求同生共死。如果没有如愿，它会自行搁浅赴死。*

145. 月蝶鱼 *Genicanthus lamarck*，雌鱼状态

---

* 原文有误。月蝶鱼的雌雄可相互转换，因此只有雌雄状态，没有固定的性别。月蝶鱼性别转换时，体色也随之变化。

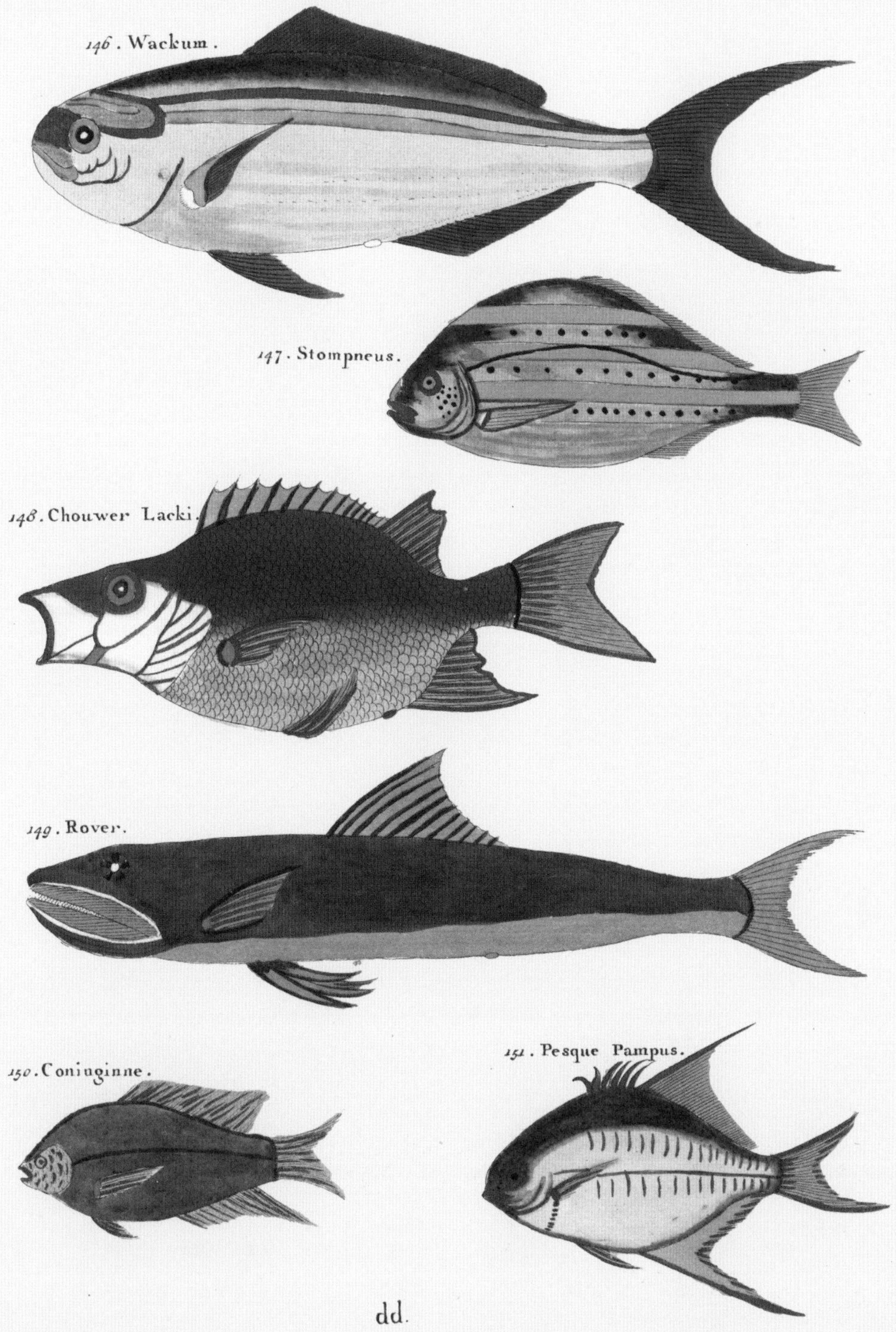
146. Wackum.
147. Stompneus.
148. Chouwer Lacki.
149. Rover.
150. Coninginne.
151. Pesque Pampus.

dd.

146. 褐梅鲷 *Caesio caerulaurea*

147. 黄线笛鲷 *Lutjanus rufolineatus*

148. 拟三刺鲀科 Triacanthodidae

149. 大头狗母鱼 *Trachinocephalus myops*

150. 雀鲷科 Pomacentridae

151. 布氏鲳鲹 *Trachinotus blochii*

152. Ican Peti.

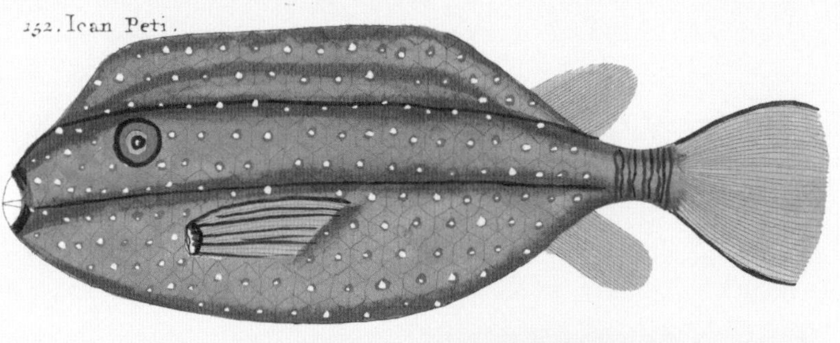

153. Luccesje Mera.

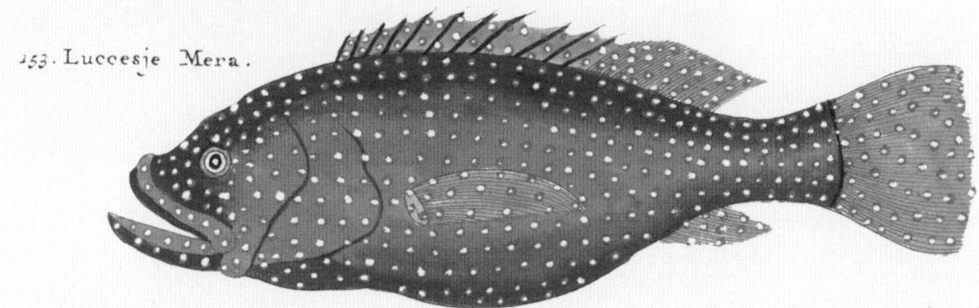

154. Sounock.

155. Phaisant.

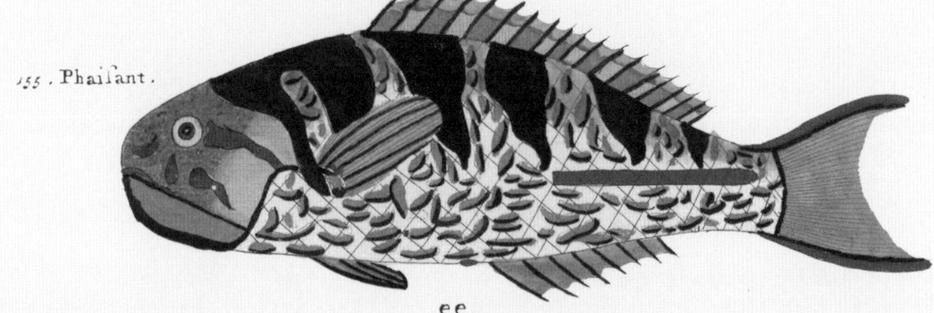

ee.

152. 粒突箱鲀 *Ostracion cubicus*

153. 青星九棘鲈 *Cephalopholis miniata*

154. 叉斑锉鳞鲀 *Rhinecanthus aculeatus*

155. 哈氏锦鱼 *Thalassoma hardwicke*

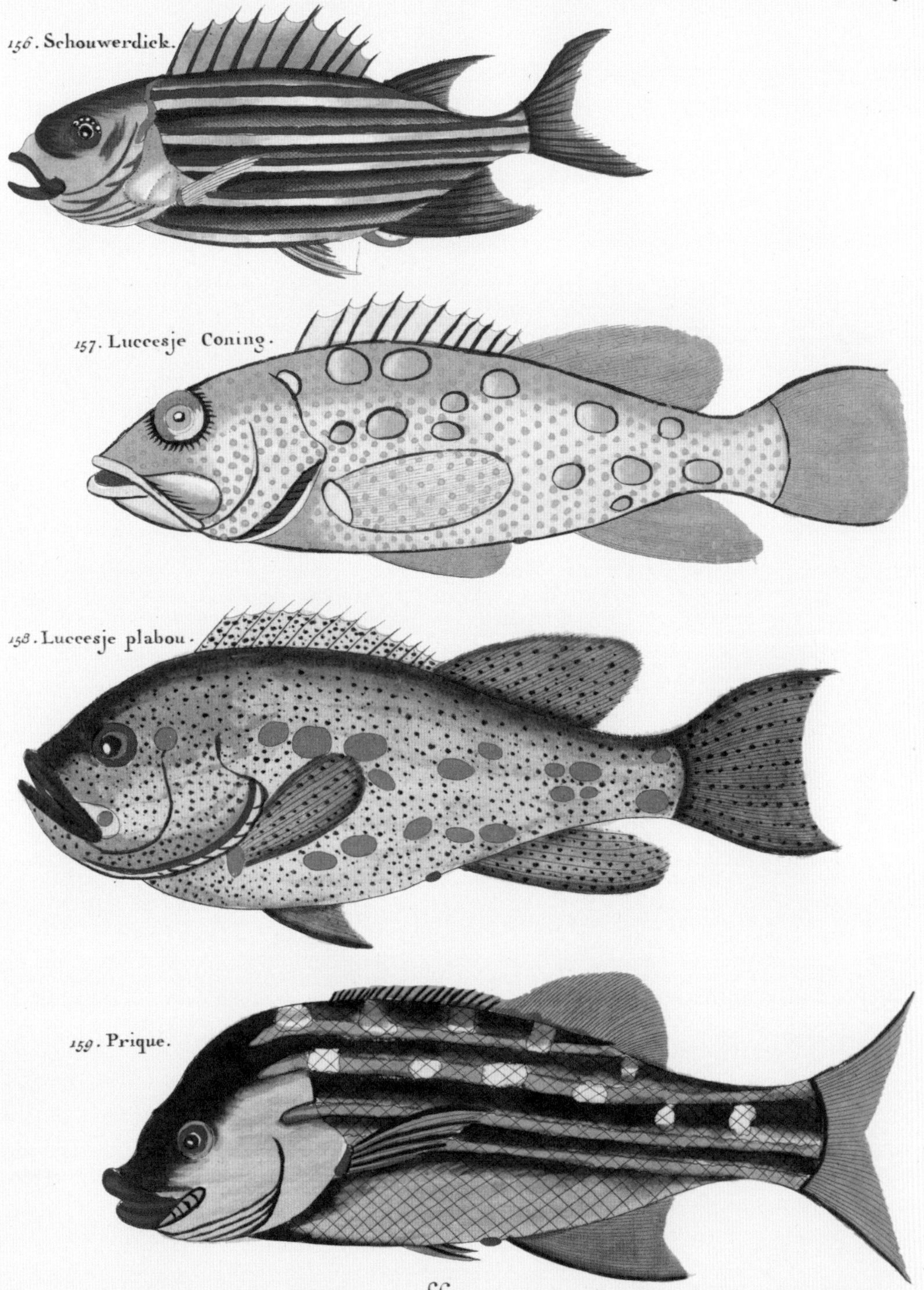
156. Schouwerdick.
157. Luccesje Coning.
158. Luccesje plabou.
159. Prique.
ff.

156. 金鳞鱼属 *Sargocentron*

157. 巨石斑鱼 *Epinephelus tauvina*

158. 细点石斑鱼 *Epinephelus cyanopodus*

159. 密点少棘胡椒鲷 *Diagramma pictum*

160. Mentſiouri Ompar.
Fol. 30.
161. Goujon de Mer. de l'isle Maurice.
162. Luccesje.
164. Joosje of Chineeſe Duivers.
163. Terbang.
165. Bourgonjeſe.
166. Toctaſe Moor.

88.

160. 紫胸鱼属 *Stethojulis*

161. 普提鱼属 *Bodianus*

来自毛里求斯岛。

162. 豹纹鳃棘鲈 *Plectropomus leopardus*

163. 飞鱼科 Exocoetidae

164. 印度洋马夫鱼 *Heniochus pleurotaenia*

165. 三带金翅雀鲷 *Chrysiptera tricincta*

166. 大口红钻鱼 *Etelis radiosus*

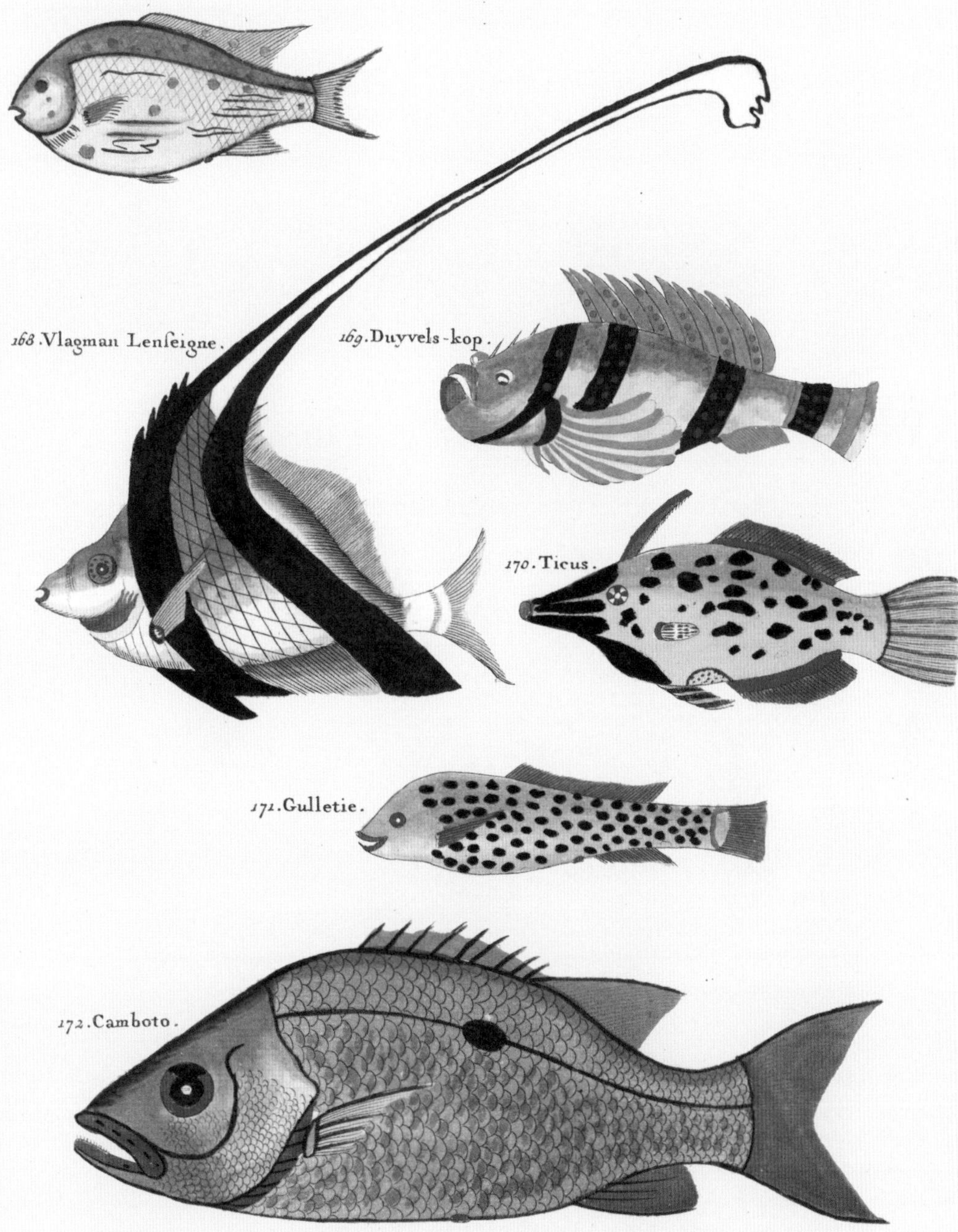
167. Plie de l'isle Maurice.
168. Vlagman Lenseigne.
169. Duyvels-kop.
170. Ticus.
171. Gulletie.
172. Camboto.

hh.

167. 雀鲷科 Pomacentridae

来自毛里求斯岛。

168. 马夫鱼 *Heniochus acuminatus*

169. 双斑䲢 *Uranoscopus bicinctus*

170. 白线鬃尾鲀 *Acreichthys tomentosus*

171. 海猪鱼属 *Halichoeres*

172. 黑星笛鲷 *Lutjanus russellii*

173. Cakatoua Sousounam. *Poisson Peroquet.*

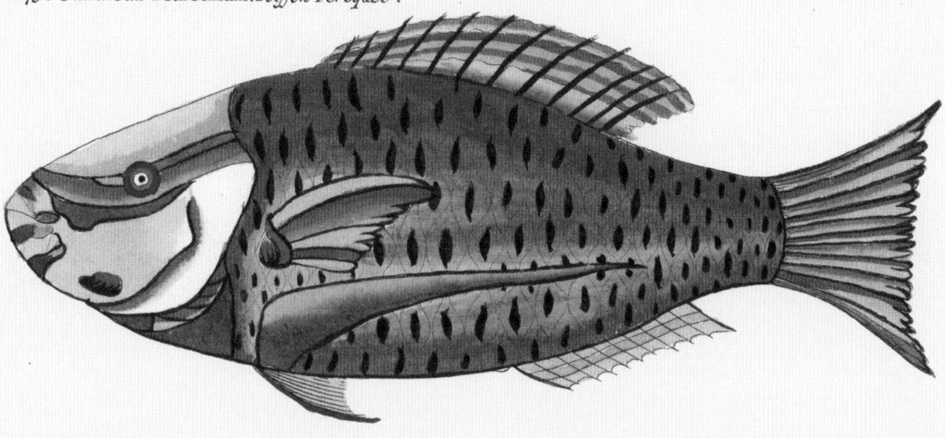

174. Wackum Mare.

175. Moussour Annak.

ii.

173. 三色鹦嘴鱼 *Scarus tricolor*

174. 长背梅鲷 *Caesio tile*

175. 雀鲷科 Pomacentridae

176. Lootsmannetie. *Le Pilotte des Balaines. Celuy-cy est la Femelle.*

177. Lootsman des Hayen. *Pilotte des Balaines. Le Masle.*

178. Toutetou.

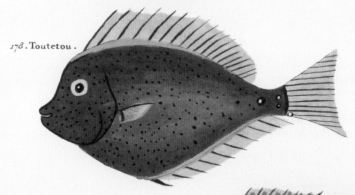

179. Gallenay Pavan.

kk.

176. 六线豆娘鱼 *Abudefduf sexfasciatus*

鲸的领航员，这一条是雌鱼。

177. 六线豆娘鱼 *Abudefduf sexfasciatus*

鲸的领航员，这一条是雄鱼。

178. 截尾栉齿刺尾鱼 *Ctenochaetus truncatus*

179. 新月锦鱼 *Thalassoma lunare*

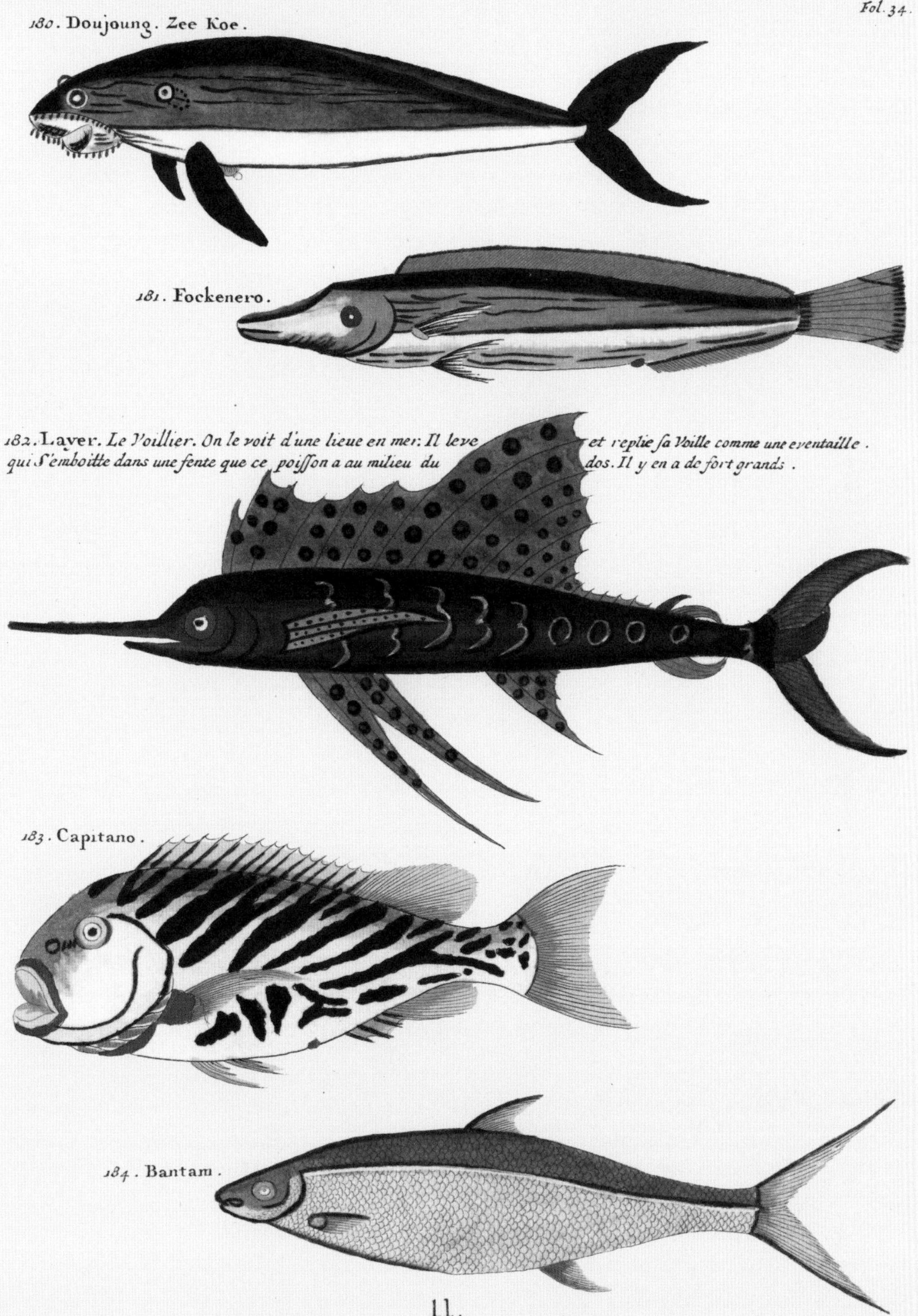
Fol. 34.
180. Doujoung. Zee Koe.
181. Fockenero.
182. Layer. Le Voillier. On le voit d'une lieue en mer. Il leve et replie ſa Voille comme une eventaille.
qui S'emboitte dans une fente que ce poiſſon a au milieu du dos. Il y en a de fort grands.
183. Capitano.
184. Bantam.
11.

180. 儒艮 *Dugong dugon*

181. 管唇鱼 *Cheilio inermis*

182. 平鳍旗鱼 *Istiophorus platypterus*

又叫帆船鱼，在海面上1古里之外就能看到它。它的背鳍像一把扇子，或扬起或折叠。它背部有沟，背鳍折叠时收藏于背沟内。部分个体可以长得非常大。

183. 条纹胡椒鲷 *Plectorhinchus lineatus*

184. 虱目鱼 *Chanos chanos*

185. May Coulat.
186. Vliegende Zee Uyl.
Le Hibou de Mer.
187. Half Beck.

mm.

185. 黑鞍鳃棘鲈 *Plectropomus laevis*

186. 须蓑鲉属 *Apistus*

187. 低鱵 *Hemiramphus depauperatus*

188. Toutetou Toua.

189. Dangiri-Mangelang.

190. Crake Coulat.
Il a une espece de Surtout d'Eponge qui couvre ſa coque: et dans cette Eponge il ſe forme des Coquillages rares et tres-jolis.

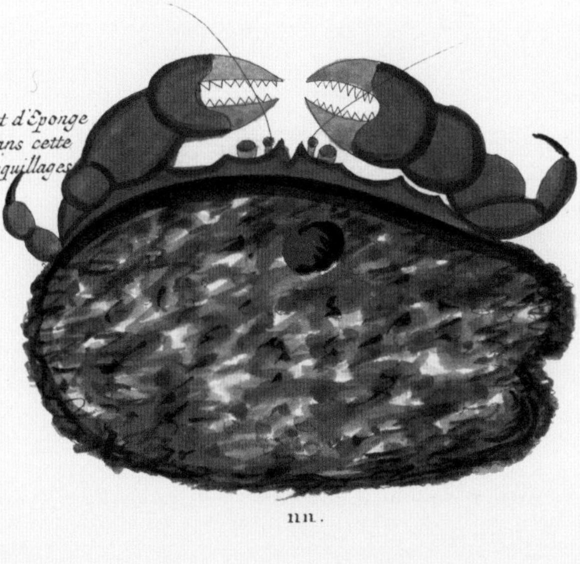

nn.

188. 石斑鱼科 Epinephelidae

189. 大眼金枪鱼 *Thunnus obesus*

190. 皮海绵科 Suberitidae

这种螃蟹的壳被海绵覆盖之后会继续发育，形成罕见而美丽的形态。*

---

* 原文描述有误，这种生物实际上叫作寄居蟹海绵，是寻常海绵纲皮海绵科多种生物的统称。海绵幼体附着于被寄居蟹寄生的贝壳，随后逐渐长大，将整个贝壳包裹。这种海绵体的外形、硬度酷似马铃薯，有些颜色很鲜艳。

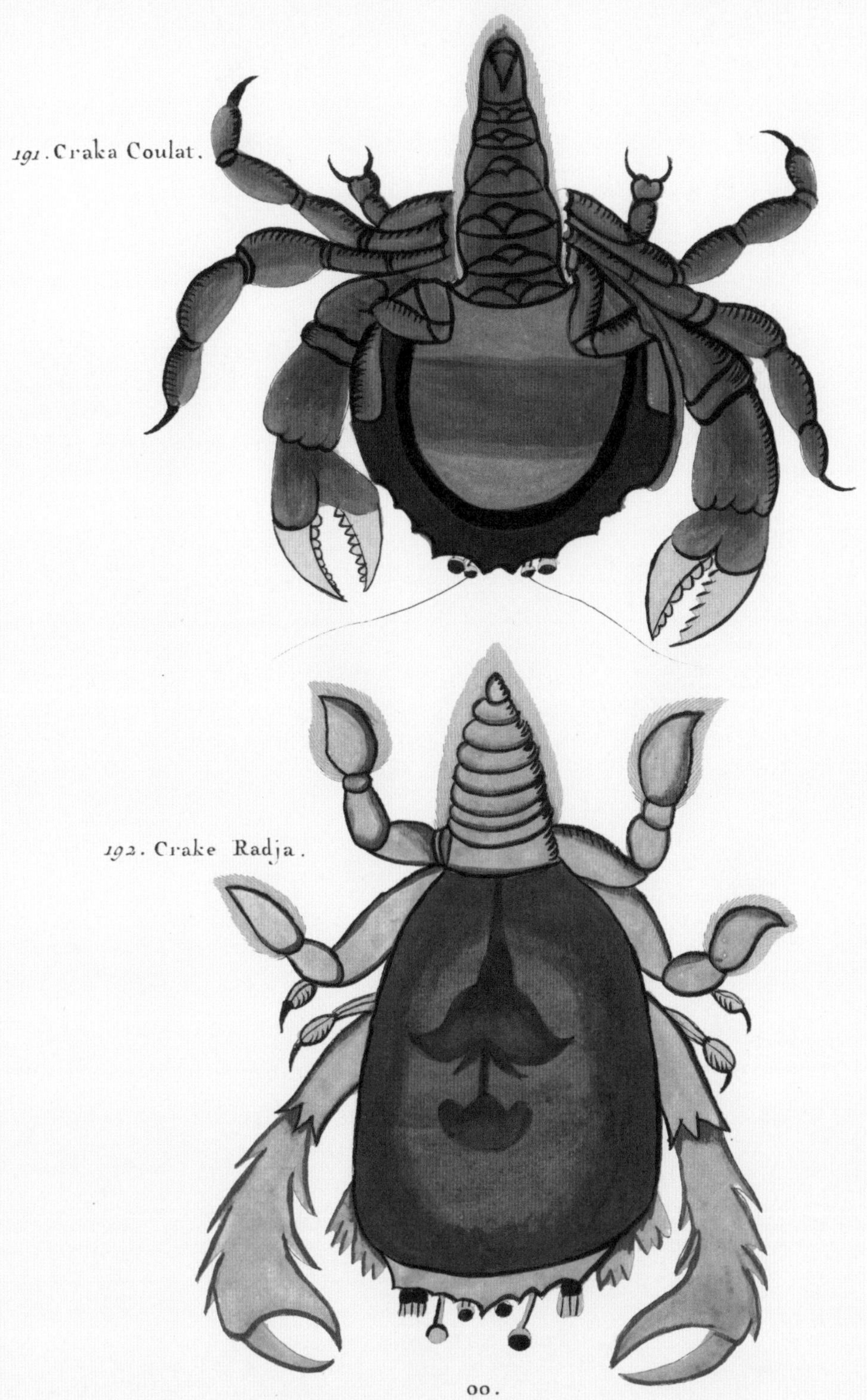
191. Craka Coulat.
192. Crake Radja.
oo.

191. 旭蟹 *Ranina ranina*，雄性

192. 旭蟹 *Ranina ranina*，雌性

193. Touring Reeuw Mamel.
194. Touring Reeuw Femel.
195. Ijouw Laſetek.
196. Munnik.

pp.

193. 鳞鲀科 Balistidae

194. 黄边副鳞鲀 *Pseudobalistes flavimarginatus*，雄性

195. 蝉形齿指虾蛄 *Odontodactylus scyllarus*

196. 双线眶棘鲈 *Scolopsis bilineatus*

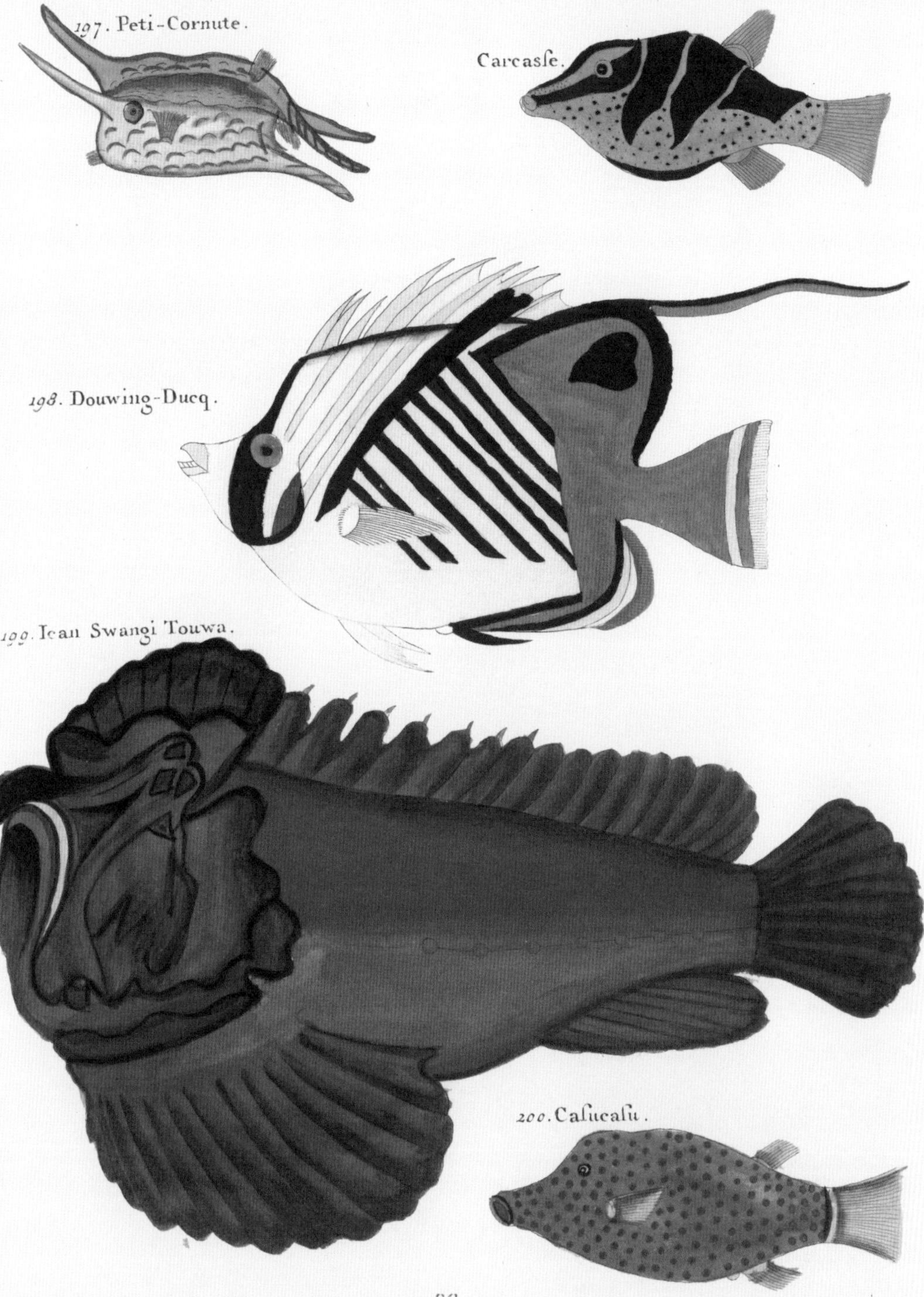
Fol: 39.
197. Peti-Cornute.
Carcasſe.
198. Douwing-Ducq.
199. Ican Swangi Touwa.
200. Caſucaſu.
99.

197. 角箱鲀 *Lactoria cornuta*　　横带扁背鲀 *Canthigaster valentini*

198. 丝蝴蝶鱼 *Chaetodon auriga*

199. 毒鲉属 *Synanceia*

200. 粒突箱鲀 *Ostracion cubicus*

201. Bazuin.

202. Allualu. Brochet.

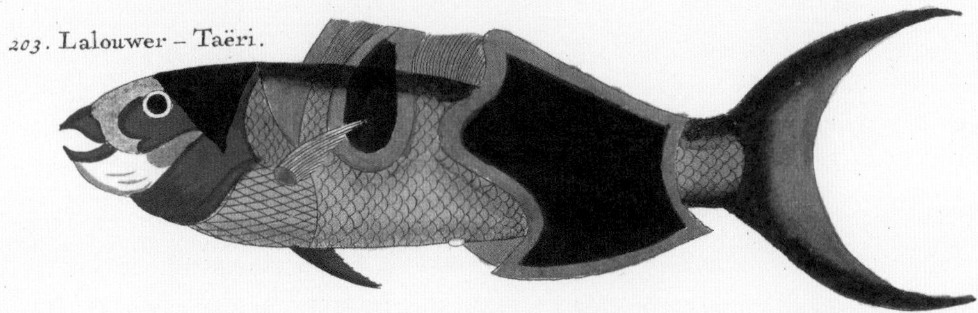
203. Lalouwer – Taëri.

204. Bongen.

rr.

201. 狐蓝子鱼 *Siganus vulpinus*，雄鱼

202. 银魣 *Sphyraena argentea*

203. 詹氏锦鱼 *Thalassoma jansenii*

204. 天竺鲷科 Apogonidae

205. Vliegende Zee-Uyl.
Hibou-Marin.

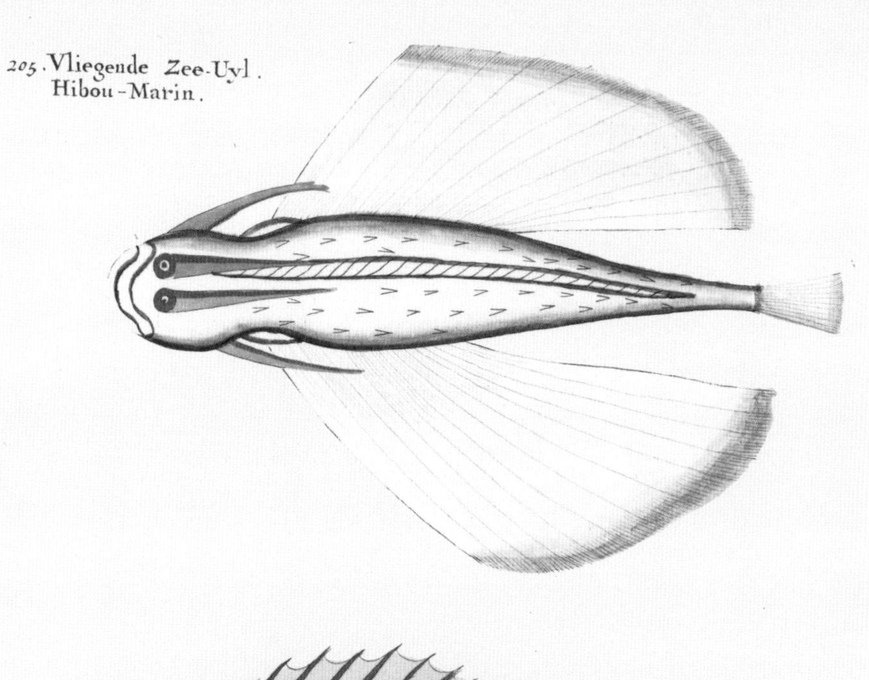

206. Sosor.

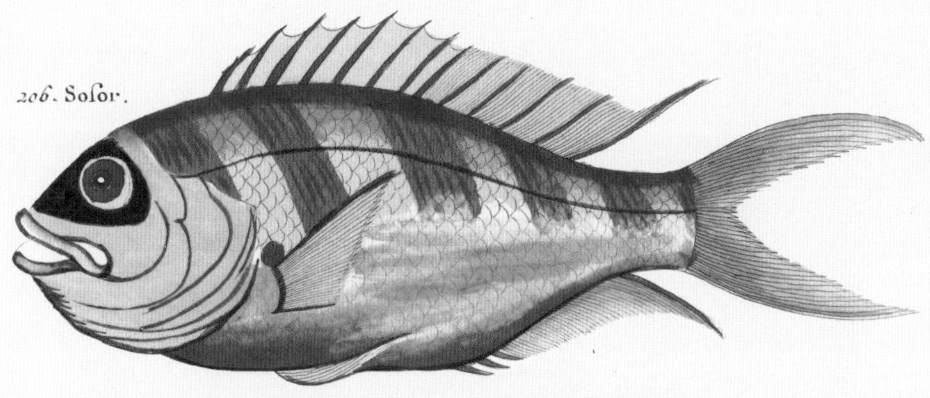

207. Sousalath.

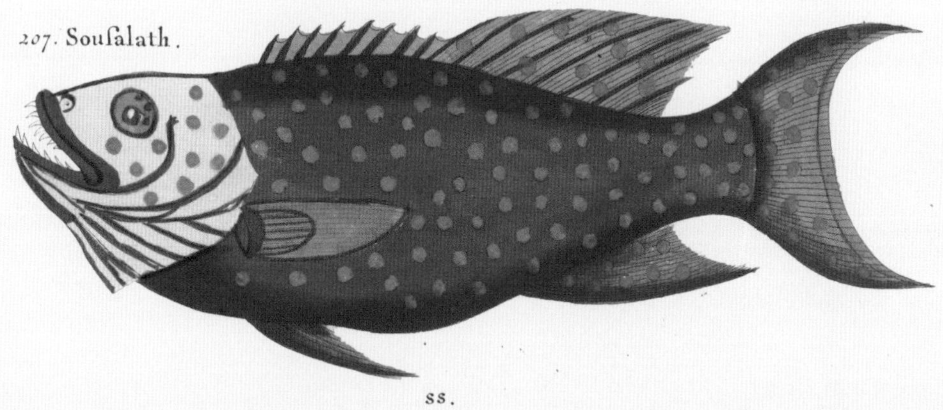

SS.

205. 须蓑鲉属 *Apistus*

206. 斜带紫鱼 *Pristipomoides zonatus*

207. 侧牙鲈 *Variola louti*

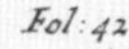

208. **Lokje-Lokje.**

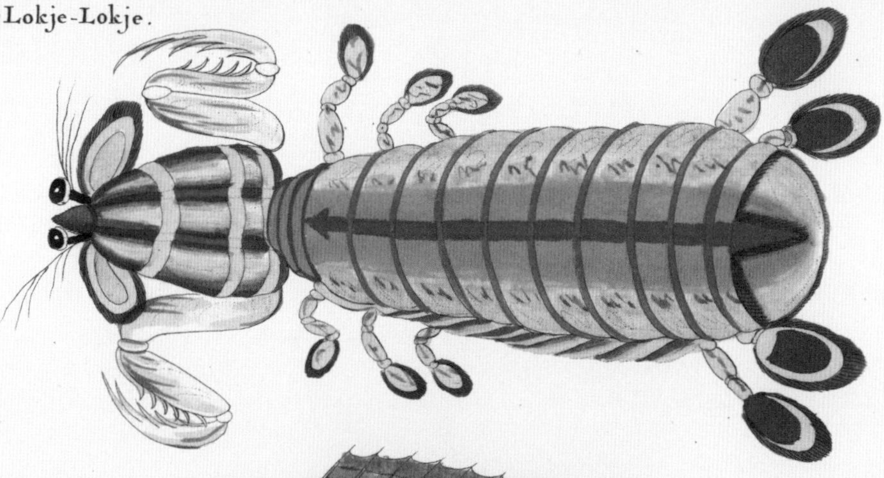

209. **Passer.** *Le Filou.*

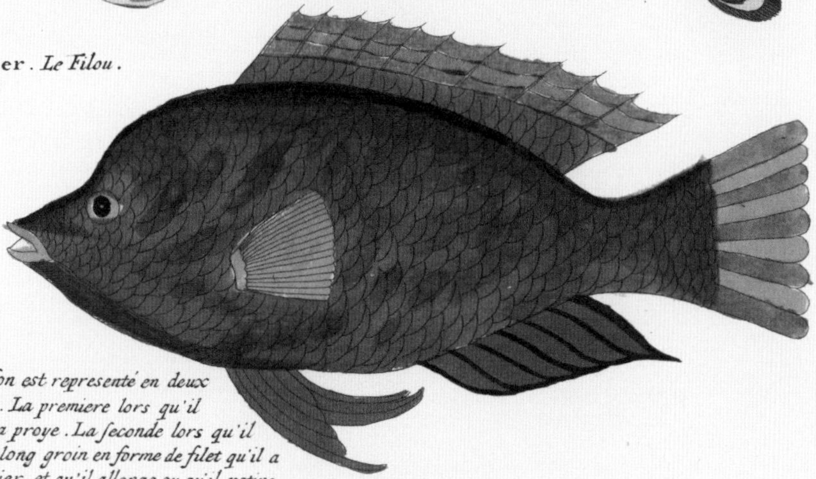

NB. Ce Poisson est representé en deux manieres. La premiere lors qu'il cherche sa proye. La seconde lors qu'il élance un long groin en forme de filet qu'il a dans le gosier. et qu'il allonge ou qu'il retire avec grande facilité pour faire capture.

210. **Passer.** *Le Filou.*

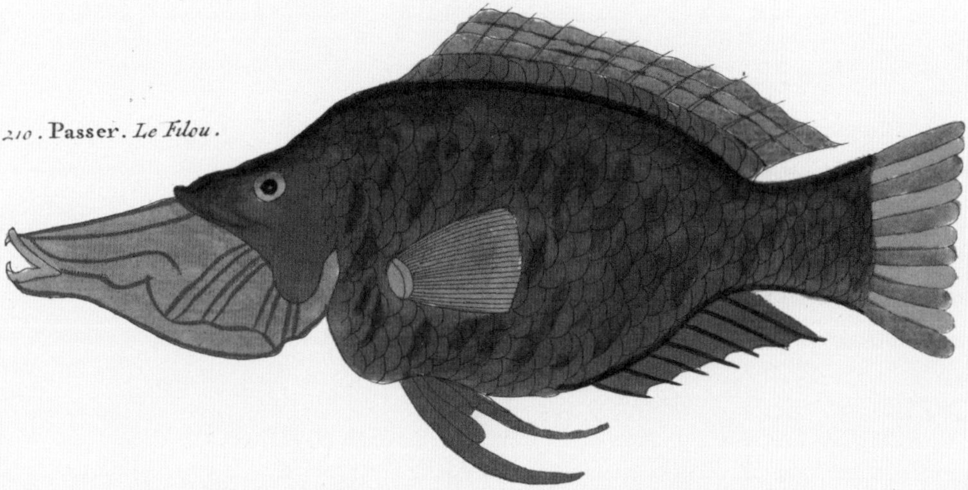

tt.

208. 史氏指虾蛄 *Gonodactylus smithii*

209. 伸口鱼 *Epibulus insidiator*

209 和 *210* 分别表现了伸口鱼的两个状态。*209* 是它在寻找猎物时的状态。*210* 是当它捕猎时的状态：颌骨弹出，直接把上下颌如同渔网般射出去。伸口鱼可以非常轻松地伸缩颌部以捕捉猎物。

210. 伸口鱼 *Epibulus insidiator*，捕食状态

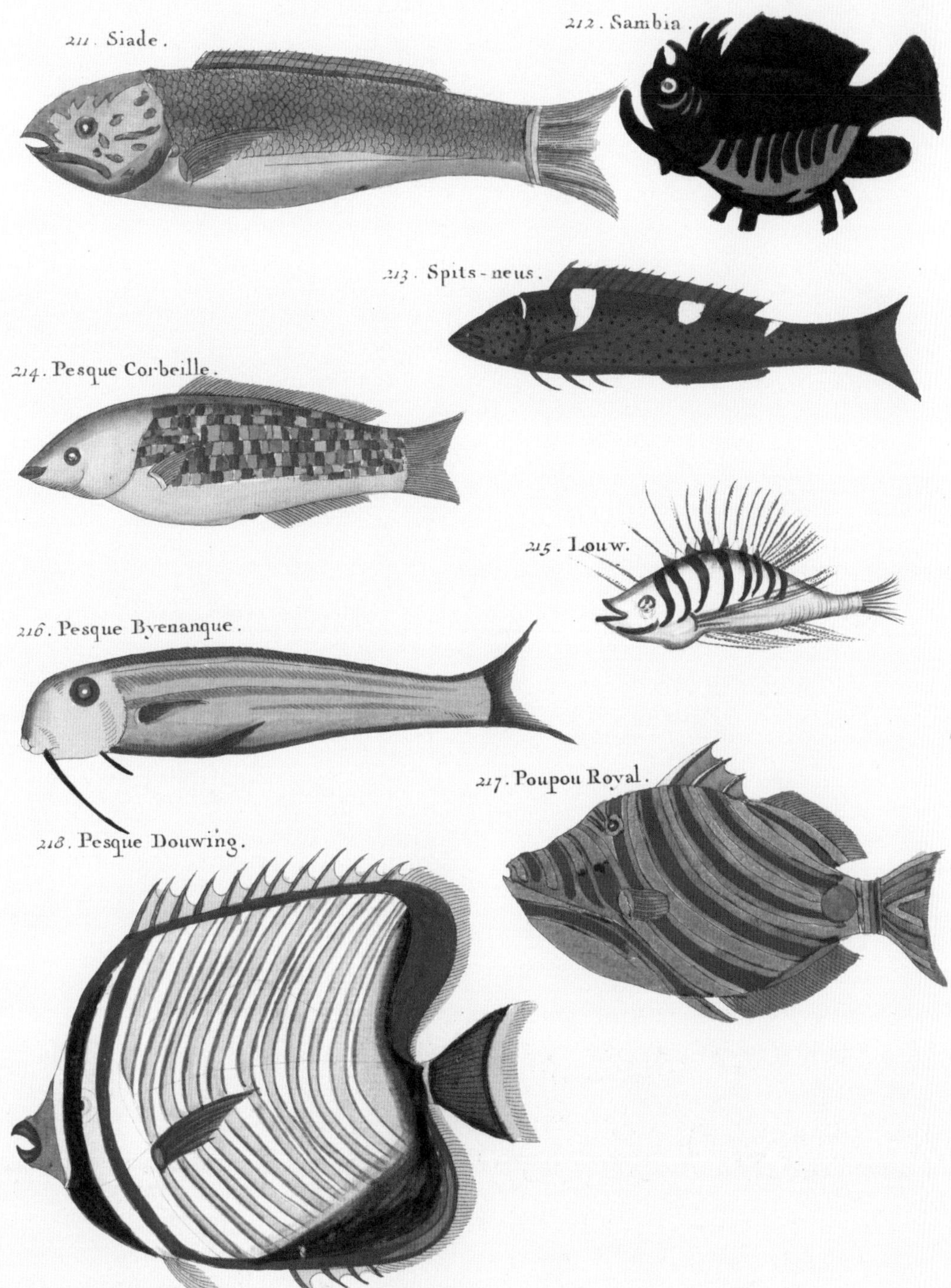
Fol: 43
211. Siade.
212. Sambia.
213. Spits-neus.
214. Pesque Corbeille.
215. Louw.
216. Pesque Byenanque.
217. Poupou Royal.
218. Pesque Douwing.
uu.

211. 钝头鹦嘴鱼 *Scarus rubroviolaceus*

212. 躄鱼属 *Antennarius*

213. 拟雀鲷属 *Pseudochromis*

214. 格纹海猪鱼 *Halichoeres hortulanus*

215. 蓑鲉属 *Pterois*

216. 红点副绯鲤 *Parupeneus heptacanthus*

217. 波纹钩鳞鲀 *Balistapus undulatus*，雌性

218. 三角蝴蝶鱼 *Chaetodon triangulum*

东印度海洋生物志

卷二

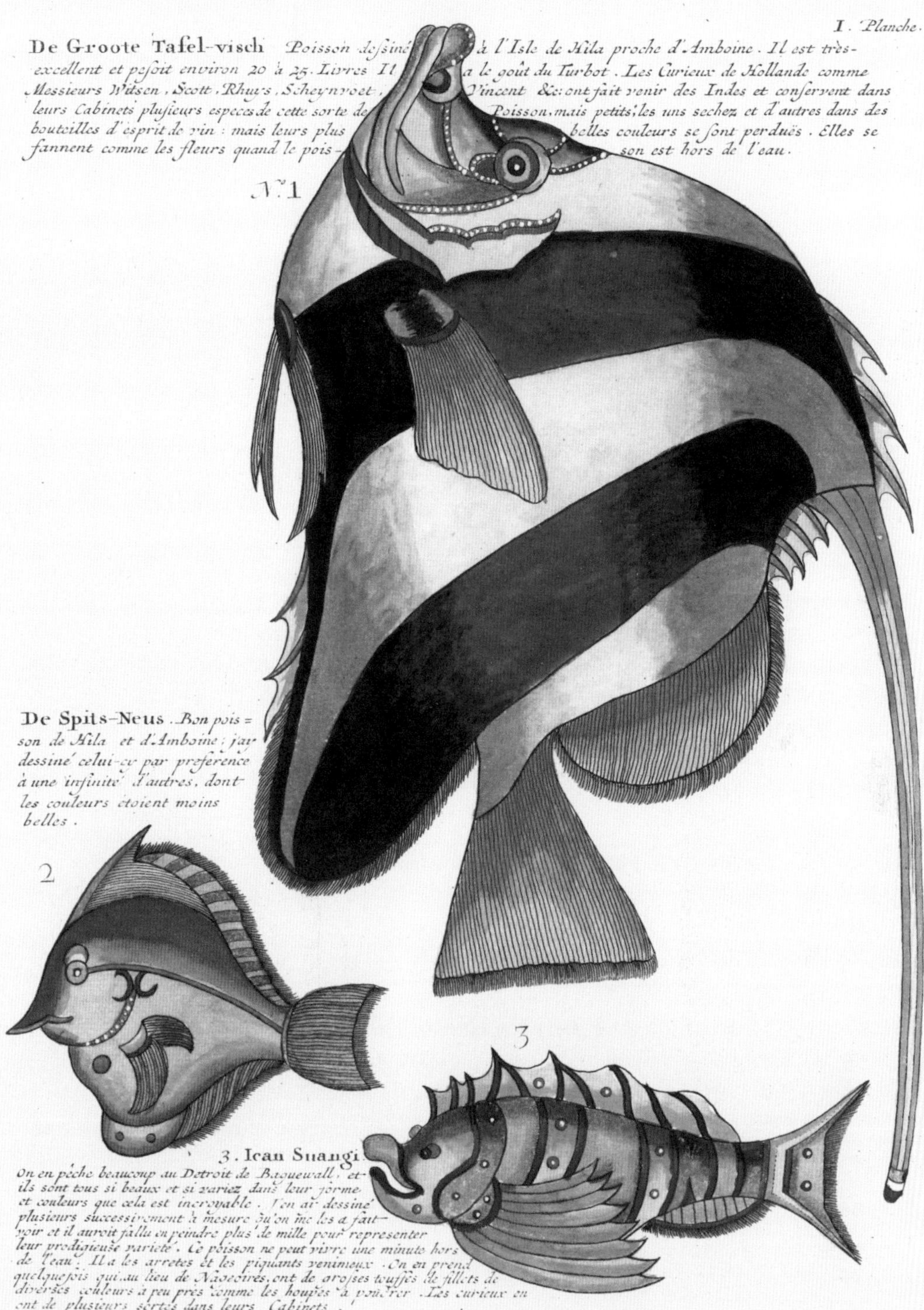
I. Planche.
De Groote Tafel-visch Poisson dessiné à l'Isle de Hila proche d'Amboine. Il est très-excellent et pesoit environ 20 à 25. Livres Il a le goût du Turbot. Les Curieux de Hollande comme Messieurs Witsen, Scott, Rhuys, Scheynvoet, Vincent &c: ont fait venir des Indes et conservent dans leurs Cabinets plusieurs especes de cette sorte de Poisson, mais petits; les uns sechez et d'autres dans des bouteilles d'esprit de vin: mais leurs plus belles couleurs se sont perduës. Elles se fannent comme les fleurs quand le poisson est hors de l'eau.
N.º1
De Spits-Neus. Bon poisson de Hila et d'Amboine; j'ay dessiné celui-cy par preference à une infinité d'autres, dont les couleurs étoient moins belles.
2
3
3. Ican Suangi.
On en pêche beaucoup au Detroit de Baguewall, et ils sont tous si beaux et si variez dans leur forme et couleurs que cela est incroyable. J'en ai dessiné plusieurs successivement à mesure qu'on me les a fait voir et il auroit fallu en peindre plus de mille pour representer leur prodigieuse varieté. Ce poisson ne peut vivre une minute hors de l'eau. Il a les arretes et les piquants venimeux. On en prend quelquefois qui au lieu de Nageoires, ont de grosses touffes de fillets de diverses couleurs à peu près comme les houpes à poudrer. Les curieux en ont de plusieurs sortes dans leurs Cabinets.
A

1. 马夫鱼 *Heniochus acuminatus*

捕获于安汶附近的希拉岛。这条鱼堪称炫丽，重量约为 20 ~ 25 斤*，味道像是大菱鲆。荷兰博物学家维特森†、斯科特、吕伊斯、沙伊诺、文森特等人从东印度带回来这种鱼的标本，尽管都很小。这些标本里有些是干燥的剥制标本，有些是泡在酒精里的浸制标本。可惜，所有标本都失去了原本鲜艳的颜色。鱼类离开水之后，就像花朵一样凋零褪色了。

2. 刺尾鱼科 Acanthuridae

也叫尖鼻鱼，来自希拉岛和安汶的美丽鱼类。在种类繁多的物种之中，我优先选择画它，因为其他鱼类的颜色没有这么漂亮。

3. 短鳍蓑鲉 *Dendrochirus brachypterus*

在巴格瓦海峡捕获了许多它的同类。每一条都如此美丽，形态和颜色如此多样，令人难以置信。将它们展示在我面前时，我非得不停笔地画不可，因为不画上许多幅，就没办法表现出这种鱼惊人的多样性，也因为这种鱼离开水后一分钟都活不了。这类鱼全身都是有毒的刺和棱角。有些被捕获的鱼身上长的并不是鱼鳍，而是成簇的、五彩斑斓的丝状物，好似扑粉的刷子。博物学家们已经搜集了好几个属于鲉科的标本。

---

* 指法国古斤，在巴黎约为 490 克。原文似有误。马夫鱼通常体长达到 10 厘米，最大 20 厘米，达不到原文所述的重量。

† 尼古拉斯·维特森（Nicolaas Witsen，1641—1717），荷兰博物学家，出身阿姆斯特丹名门望族，数次担任阿姆斯特丹市长，极力推动荷兰东印度公司向澳大利亚和亚洲扩张。

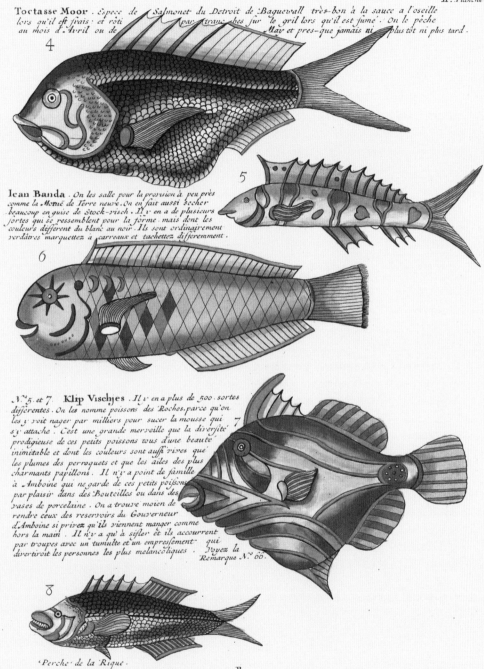

II.e Planche.

Toctasse Moor. *Espece de Salmonet du Detroit de Baguewall très-bon à la sauce a l'oseille lors qu'il est frais: et rôti par tranches sur le gril lors qu'il est fumé. On le pêche au mois d'Avril ou de May et pres-que jamais ni plus tôt ni plus tard.*

4

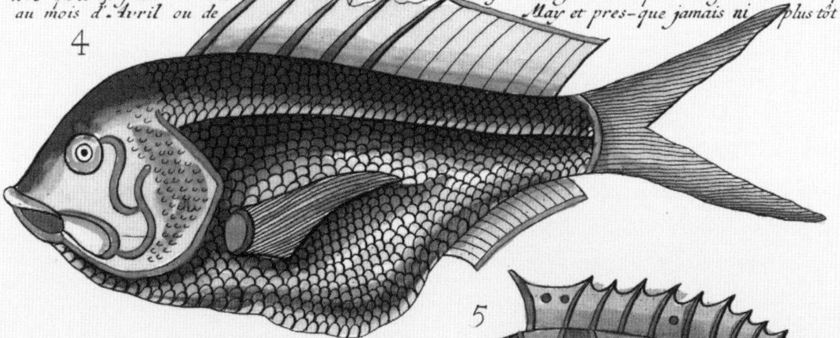

5

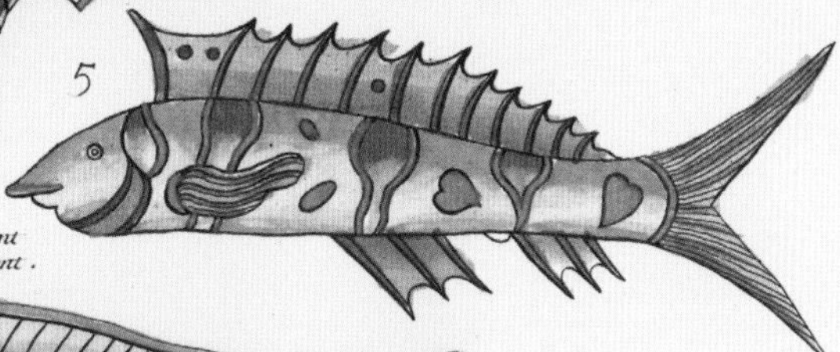

Iean Banda. *On les salle pour la provision à peu près comme la Moruë de Terre neuve. On en fait aussi secher beaucoup en guise de Stock-visch. Il y en a de plusieurs sortes qui se ressemblent pour la forme mais dont les couleurs different du blanc au noir. Ils sont ordinairement verdâtres marquettez à carreaux et tachettez differemment.*

6

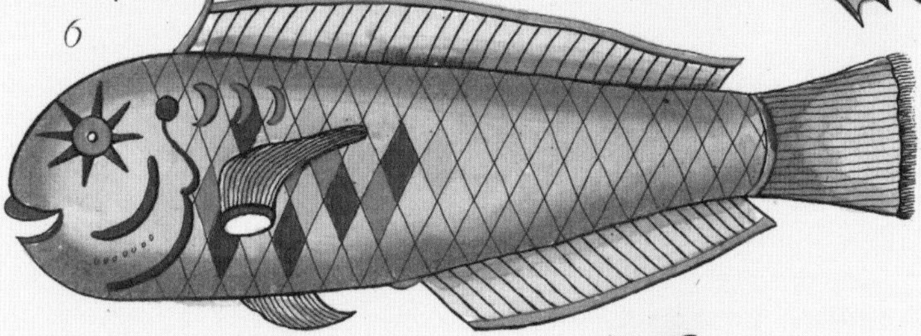

N.o 5. et 7. **Klip Vischjes**. *Il y en a plus de 500. sortes differentes. On les nomme poissons des Roches, parce qu'on les y voit nager par milliers pour sucer la mousse qui s'y attache. C'est une grande merveille que la diversité prodigieuse de ces petits poissons tous d'une beauté inimitable et dont les couleurs sont aussi vives que les plumes des perroquets et que les ailes des plus charmants papillons. Il n'y a point de famille à Amboine qui ne garde de ces petits poissons par plaisir dans des Bouteilles ou dans des vases de porcelaine. On a trouvé moien de rendre ceux des reservoirs du Gouverneur d'Amboine si privez qu'ils viennent manger comme hors la main. Il n'y a qu'à sifler et ils accourrent par troupes avec un tumulte et un empressement qui divertiroit les personnes les plus melancoliques. Voyez la Remarque N.o 66.*

7

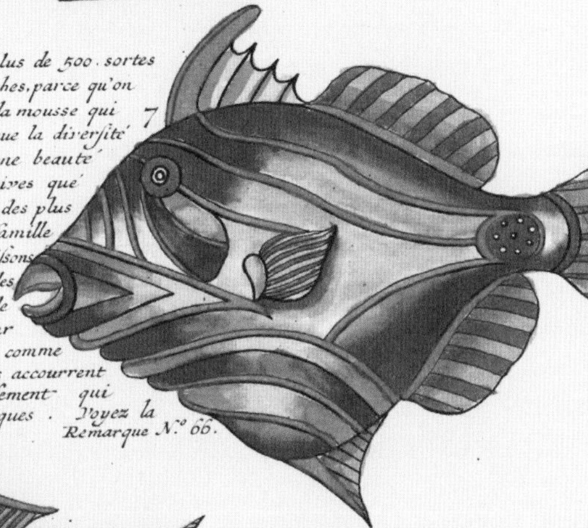

8

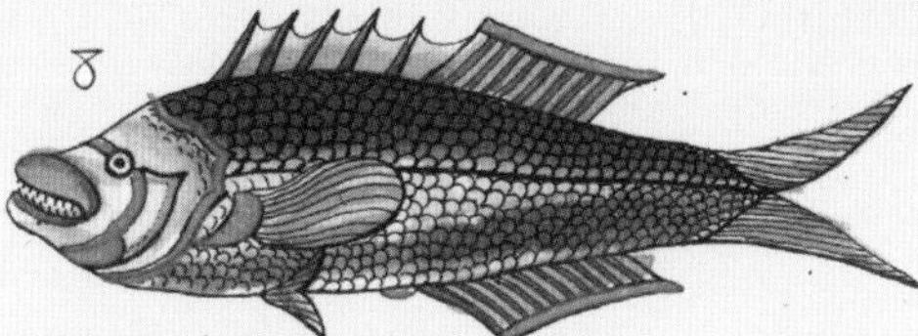

Perche de la Rique.

B

4. 拟花鮨属 *Pseudanthias*

来自巴格瓦海峡。新鲜的拟花鮨搭配酸模酱非常美味，也可熏制、切片后在烤架上烤熟。渔汛在四月或五月，不早也不晚。

6. 项鳍鱼属 *Iniistius*

人们通常将它们腌制以便储存，有点像新大陆*处理鳕鱼的方法，也可以将它们晒成鱼干。项鳍鱼包括很多物种，体形相似，但颜色由白到黑，千变万化。它们通常带有仿佛蜡质的绿色调，还有格纹和各种斑点。

5. 隆头鱼科 Labridae　*7.* 波纹钩鳞鲀 *Balistapus undulatus*

这两种鱼包含 500 多个不同的物种。人们把它们统称为“岩石鱼”，因为它们往往成千上万地聚集成群，啃食附着在岩石上的藻类。

这些小鱼的形态变化万千，令人叹为观止。每一物种的美丽都独具特色，鲜艳的颜色比得上鹦鹉羽毛和最迷人的蝴蝶翅膀。难怪安汶家家户户都把这些小鱼养在瓶子里或瓷盆里，乐此不疲。人们找到了一种方法，把安汶总督养的鱼训练得极其亲近人类，甚至会从人手里吃东西。只要闻到食物的味道，它们就一窝蜂地拥来。这样欢闹急切的场面会让最忧郁的人也感到愉快。参见 *66* 说明。

8. 裸颊鲷属 *Lethrinus*

来自里克岛。

---

* 指美洲的殖民地（当时美国和加拿大尚未独立）。

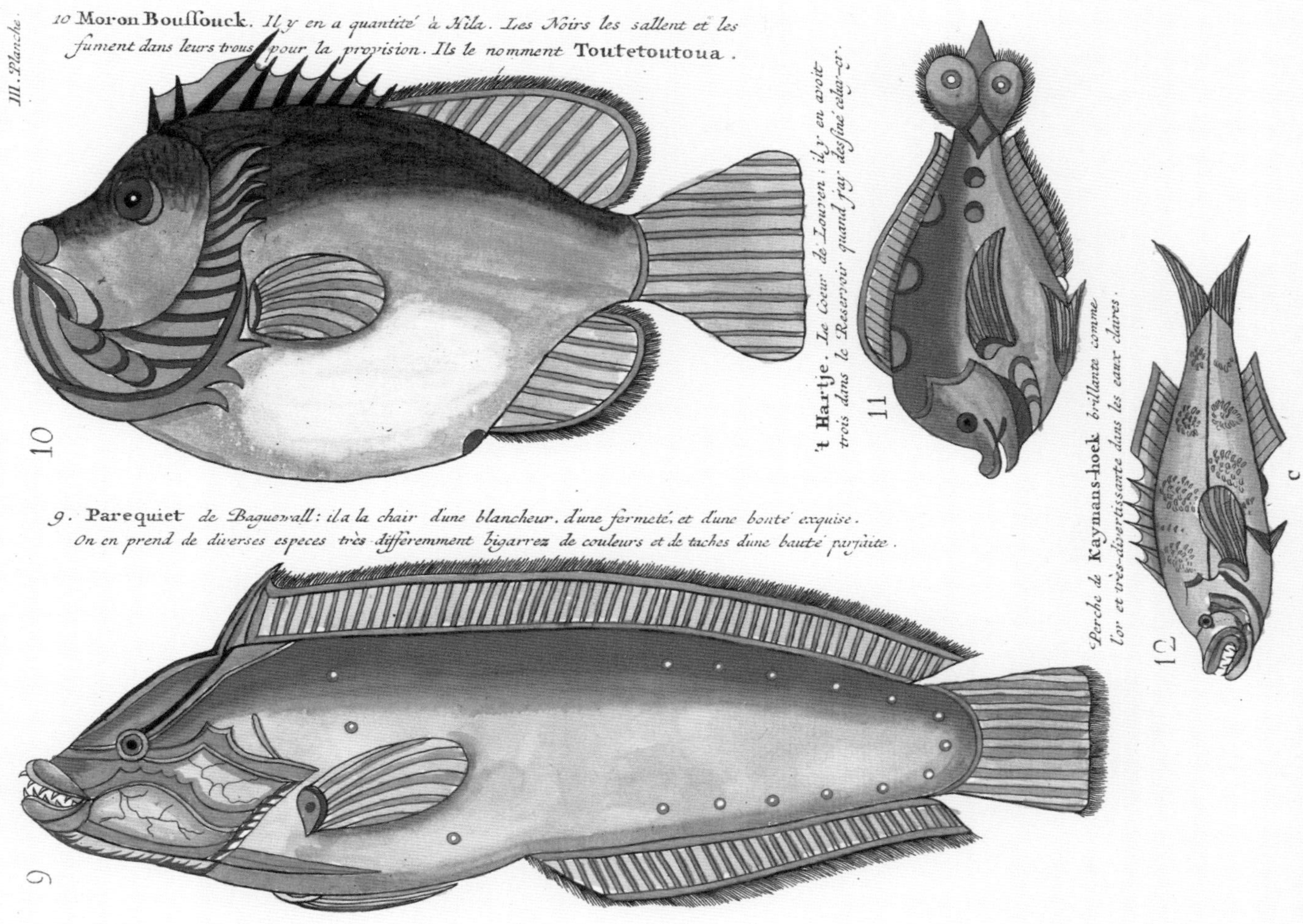
III. Planche.
10 Moron Boussouck. Il y en a quantité à Hila. Les Noirs les sallent et les fument dans leurs trous pour la provision. Ils le nomment Toutetoutoua.
10
9. Parequiet de Baguewall: il a la chair d'une blancheur, d'une fermeté, et d'une bonté exquise. On en prend de diverses especes très differemment bigarrez de couleurs et de taches d'une bauté parfaite.
9
't Hartje. Le Coeur de Louren; il y en avoit trois dans le Reservoir quand j'ay dessiné celuy-cy.
11
Perche de Kaymans-hoek brillante comme l'or et très-divertissante dans les eaux claires.
12
c

9. 猪齿鱼属 *Choerodon*

来自巴格瓦，肉质白皙有嚼劲，堪称上乘佳肴。有许多不同种类，五光十色且饰有美丽的斑点。

10. 石斑鱼科 Epinephelidae

这类鱼在希拉岛有很多。巴布亚人将它们腌制、熏干以便储藏，也把它们称为 *Toutetou toua*[*]。

11. 刺尾鱼属 *Acanthurus*

也叫鸡心尾，来自卢旺岛。我画这幅图时，水族箱里共有三条这样的鱼。

12. 丝棘裸颊鲷 *Lethrinus genivittatus*

来自人鱼角，像黄金一样闪闪发光，在清水中令人心旷神怡。

---

* 即卷 1 图 188。

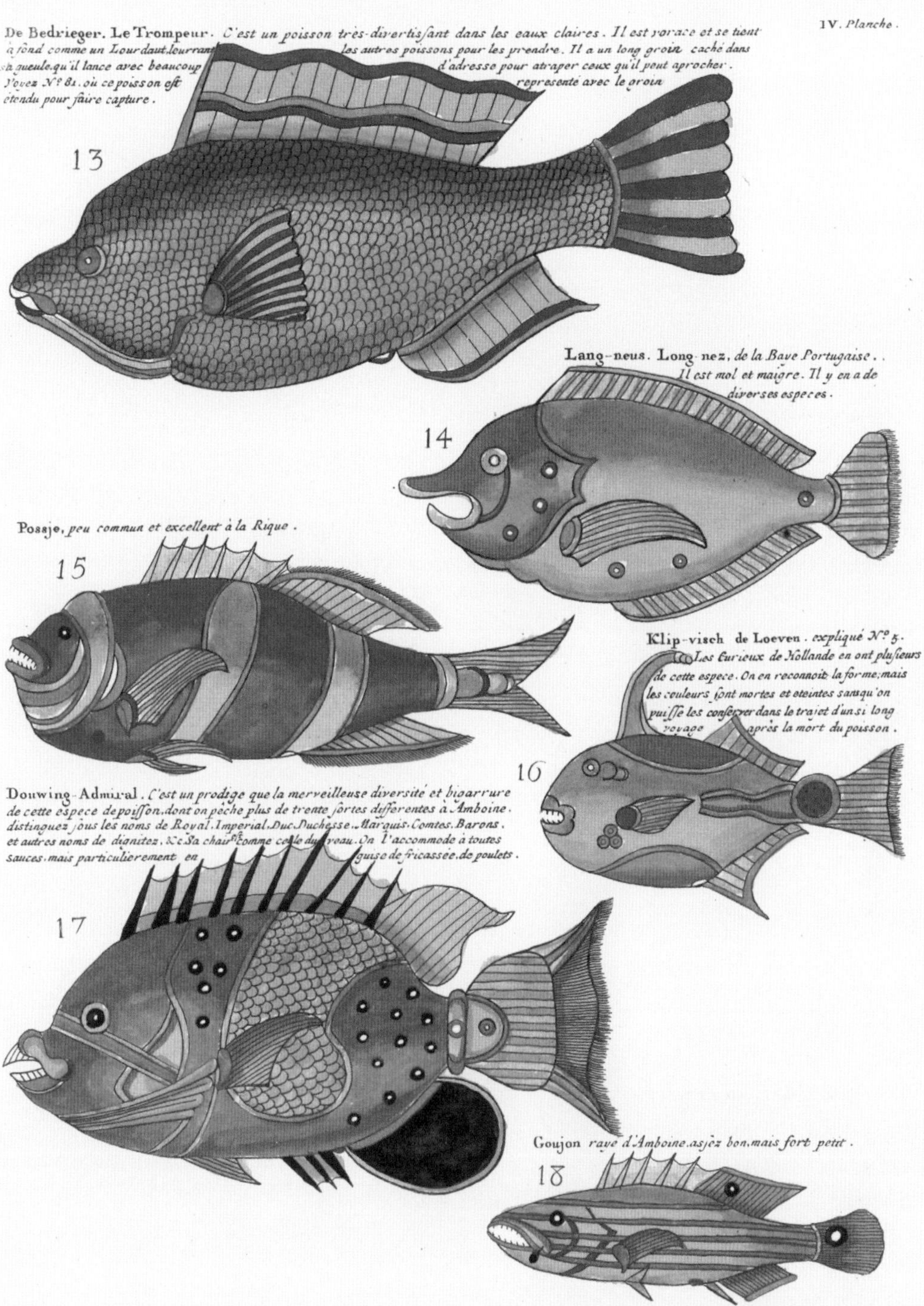
IV. Planche.
De Bedrieger. Le Trompeur. C'est un poisson très-divertissant dans les eaux claires. Il est vorace et se tient
à fond comme un Lourdaut.leurrant les autres poissons pour les prendre. Il a un long groin caché dans
sa gueule.qu'il lance avec beaucoup d'adresse pour atraper ceux qu'il peut aprocher.
Voyez Nº 81. où ce poisson est representé avec le groin
étendu pour faire capture.
13
Lang-neus. Long-nez, de la Baye Portugaise.
Il est mol et maigre. Il y en a de
diverses especes.
14
Possje, peu commun et excellent à la Rique.
15
Klip-visch de Loeven. expliqué Nº 5.
Les Curieux de Hollande en ont plusieurs
de cette espece. On en reconnoit la forme; mais
les couleurs sont mortes et eteintes sans qu'on
puisse les conserver dans le trajet d'un si long
voyage après la mort du poisson.
16
Douwing-Admiral. C'est un prodige que la merveilleuse diversité et bigarrure
de cette espece de poisson, dont on pêche plus de trente sortes differentes à Amboine.
distinguez sous les noms de Royal. Imperial. Duc. Duchesse. Marquis. Comtes. Barons.
et autres noms de dignitez. &c Sa chair est comme celle du veau. On l'accommode à toutes
sauces. mais particulierement en guise de fricassée. de poulets.
17
Goujon raye d'Amboine. assez bon. mais fort petit.
18
D

13. 伸口鱼 *Epibulus insidiator*

观察伸口鱼在清水中的活动是种有趣的消遣。它很贪婪，总像笨伯似的沉在水底，又经常追着其他鱼儿，想要抓住它们。伸口鱼颌部藏着特殊的结构，完全伸出时像猪的嘴巴一样长。它凭借这项高超的技巧捕捉自己所能接触的任何鱼类。伸口鱼颌部伸出之后的状态见*81*。

14. 单角鼻鱼 *Naso unicornis*

也叫长鼻子，来自葡萄牙湾。它很灵活，身体很薄，有不少种类。

15. 长鳍裸颊鲷 *Lethrinus erythropterus*

来自里克岛，不太常见但极其美味。

16. 鳞鲀科 Balistidae

来自卢旺岛，与*5*一样都是岩石鱼。荷兰的博物学家保存着一些鳞鲀标本，形状尚可辨认，但颜色已变得暗淡、死气沉沉。鱼死去之后又经历了如此漫长的旅程，无法再保有原来的颜色。

17. 马鞍刺盖鱼 *Pomacanthus navarchus*

刺盖鱼种类之多，色彩之丰富，令人惊叹。在安汶捕获的刺盖鱼有30多种，被冠以国王、皇帝、公爵、公爵夫人、侯爵、伯爵、男爵等尊贵的名字以便区分。肉质如同小牛肉，可以搭配各种酱汁食用，配以烩肉汁或鸡肉汁尤佳。

18. 普提鱼属 *Bodianus*

来自安汶，相当美味，但非常小。

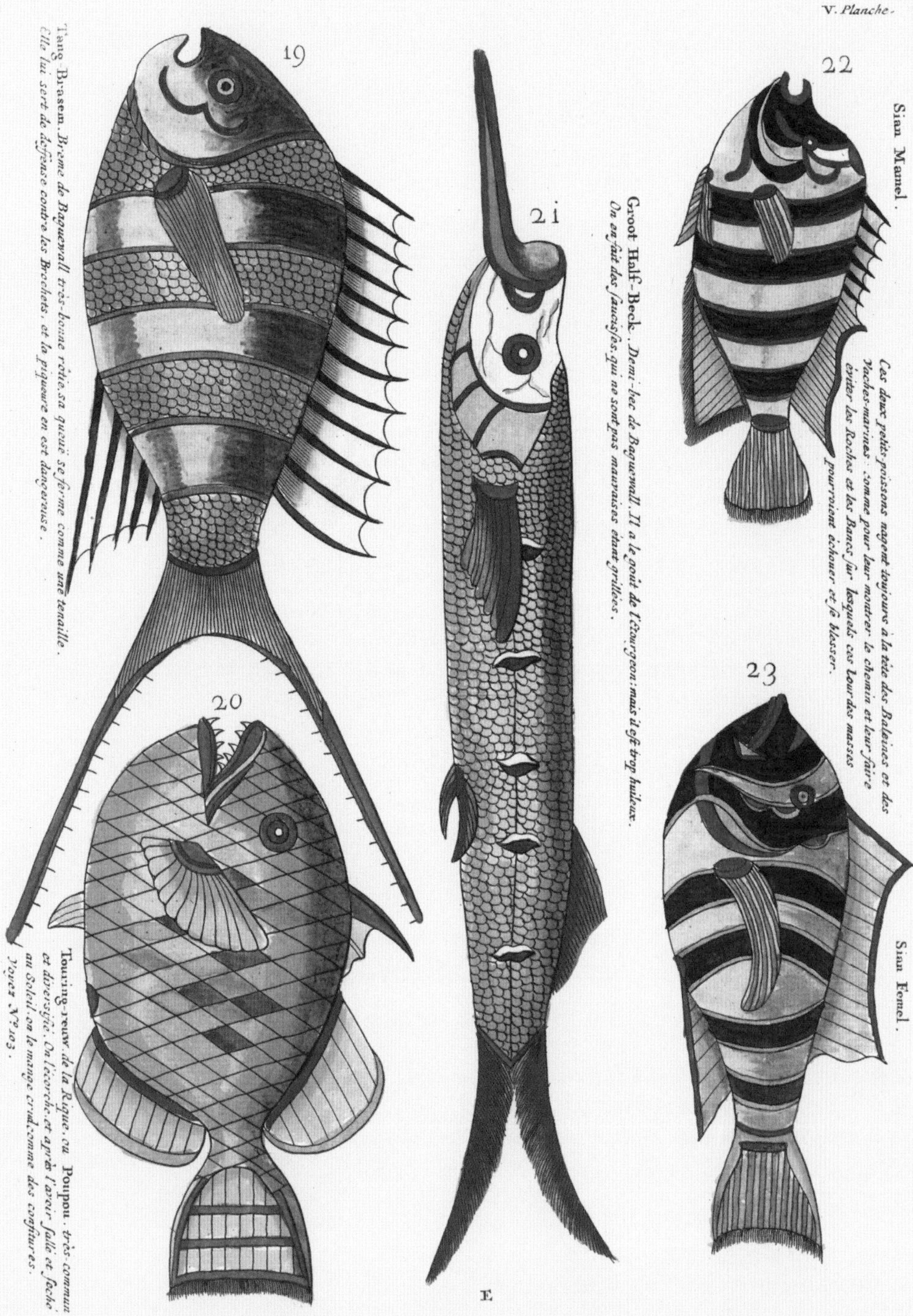

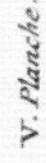

V. Planche.

22 Sian Mamel.

Ces deux petits-poissons nagent toujours à la tête des Baleines et des Vaches-marines: comme pour leur moutrer le chemin et leur faire éviter les Roches et les Bancs sur lesquels ces lourdes masses pourroient échouer et se blesser.

23 Sian Femel.

21 Groot Half-Beck. Demi-bec de Baguewall. Il a le goût de l'Étourgeon: mais il est trop huileux. On en fait des saucisses, qui ne sont pas mauvaises étant grillées.

E

19 Tang-Brasem. Breme de Baguewall très-bonne rôtie, sa queuë se ferme comme une tenaille. Elle lui sert de deffense contre les Brochets, et la piqueure en est dangereuse.

20 Touring-reuw, de la Rique, ou Poupou. très-commun et diversifié. On l'écorche, et après l'avoir sallé et seché au Soleil, on le mange crud, comme des confitures. Voyez N°. 103.

19. 刺尾鱼科 Acanthuridae

来自巴格瓦，烤熟后非常好吃。它的两片尾鳍能像钳子一样夹紧，抵抗捕食者的追击，尾鳍上的刺也很危险。*

20. 黑边角鳞鲀 *Melichthys vidua*

来自里克岛，非常常见，外形十分多样化。将它剥皮、盐渍之后，在太阳下晒干，可以像蜜饯一样生吃，参见 *103*。

21. 斑鱵 *Hemiramphus far*

来自巴格瓦。有鲟鱼的味道但非常油腻，可以做成香肠，烤着吃也不错。

22. 舟鰤 *Naucrates ductor*，雄鱼

这种小鱼总是在鲸和海牛的前方游动，似乎在为它们指路，帮它们避开岩石和堤岸，以免这些沉重的大动物搁浅或受伤。†

23. 舟鰤 *Naucrates ductor*，雌鱼

---

* 暂未见到关于尾鳍会咬合的鱼的记载。

† 舟鰤又叫领航鱼，经常随着大型鱼类、鲸或船只游动。

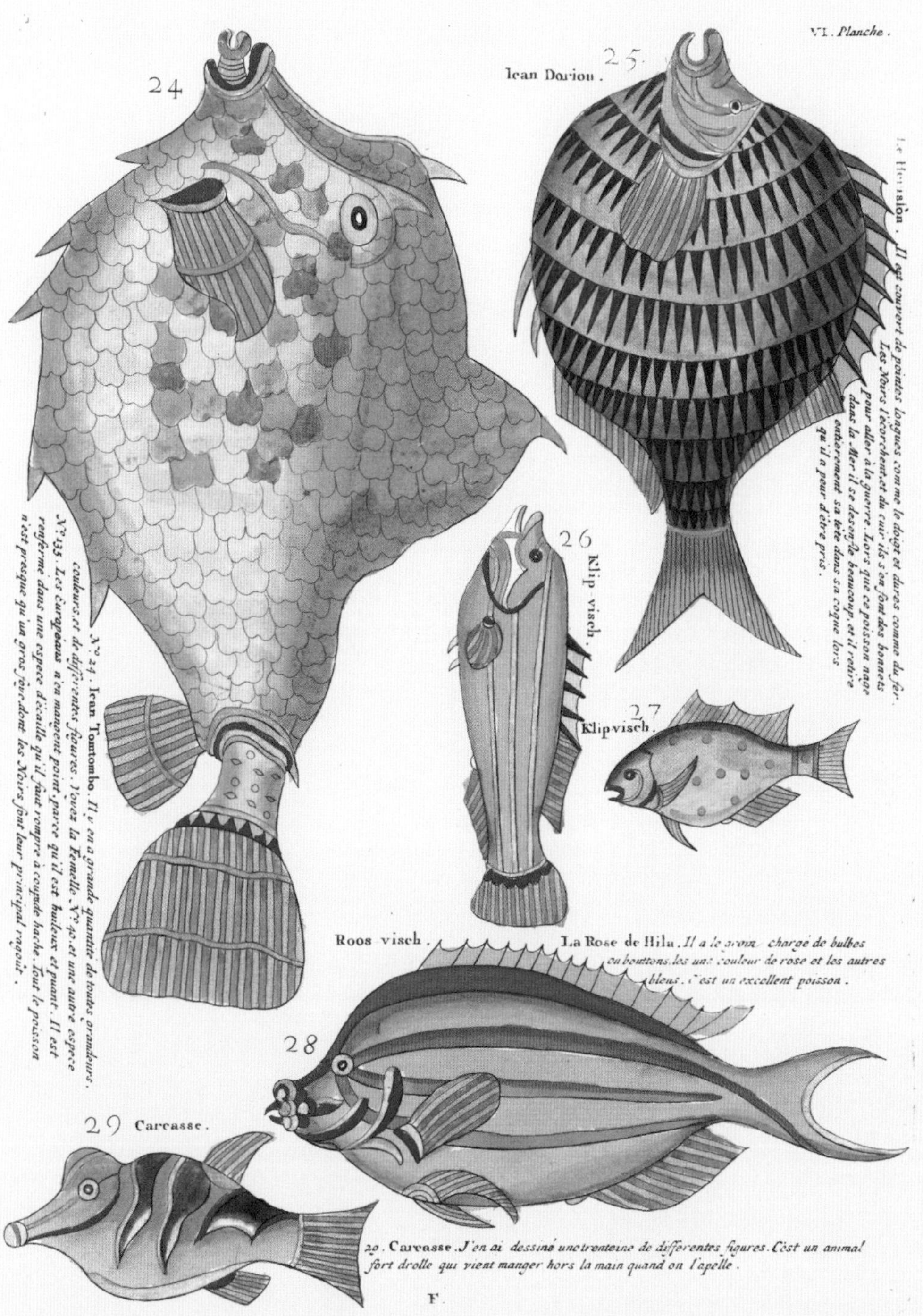
VI. Planche.
24
25
Iean Dorion.
Le Herisson. Il est couvert de pointes longues comme le doigt et dures comme du fer. Les Noirs l'écorchent, et du cuir ils s'en font des bonnets pour aller à la guerre. Lors que ce poisson nage dans la Mer il se desenfle beaucoup, et il retire entierement sa tête dans sa coque lors qu'il a peur d'être pris.
N°. 24. Iean Tomtombo. Il y en a grande quantité de toutes grandeurs, couleurs, et de differentes figures. Voyez la Femelle. N°. 90. et une autre espece N°. 135. Les Européens n'en mangent point, parce qu'il est huileux et puant. Il est renfermé dans une espece d'écaille qu'il faut rompre à coup de hache. Tout le poisson n'est presque qu'un gros foye, dont les Noirs font leur principal ragout.
26
Klip-visch.
27
Klipvisch.
Roos visch.
La Rose de Hila. Il a le corps chargé de bulbes ou bouttons, les uns couleur de rose et les autres bleus. C'est un excellent poisson.
28
29 Carcasse.
29. Carcasse. J'en ai dessiné une trenteine de differentes figures. C'est un animal fort drolle qui vient manger hors la main quand on l'apelle.
F.

24. 驼背真三棱箱鲀 *Tetrosomus gibbosus*

箱鲀的种类很多，大小、颜色和形状各异（雌性见 *40*，另外一种箱鲀见 *135*）。欧洲人根本不吃这种鱼，因为它又腻又臭，还裹在鳞片中，必须用斧头才能切开。整条鱼身上几乎什么也不长，只有个巨大的肝，巴布亚人通常把它炖着吃。*

25. 刺鲀属 *Diodon*

也叫刺猬鱼。它身体上布满了手指一样长、铁一样硬的尖刺。巴布亚人会剥掉它的皮做成软帽，戴着去打仗。刺鲀在海里游动时，身体非常松弛。一旦受到捕猎者的惊吓，它就会把头完全缩进壳里。†

26. 本氏普提鱼 *Bodianus bennetti*

一种岩石鱼。

27. 连鳍银鲈属 *Diapterus*

28. 猪齿鱼属 *Choerodon*

来自希拉岛的玫瑰鱼。它的吻部长满泡泡和疙瘩，有些是玫瑰色的，有些是蓝色的。一种非常美丽的鱼。

29. 横带扁背鲀 *Canthigaster valentini*

我画了 30 多种形态各异的鲀，这一种非常有趣：听到主人召唤，它就会游到主人手里吃东西。

---

* 箱鲀科的鳞片特化成了骨板，因此外壳极为坚硬，又称铠鲀。应激时会释放有毒物质，内脏有毒，但肉可食用。

† 刺鲀受惊时膨胀身体，竖起尖刺，看似缩回了头。

Septieme Planche.
30
Macolor. Tres bon, fort grand et tres rare. Il pese quelquefois 30. Livres: mais je n'en ay vû que deux en douze ans à Isle.
31
Sosor. Perche panachée d'Aroboe, commune, delicieuse, et propre à être conservée dans les Etangs. Je l'ay dessinée aprés l'avoir écaillée; car alors elle est plus belle qu'avec ses écailles.
Espece de Carcasse dont on a parlé N°. 29.
32
Sambia. Loop visch. ou Poisson courant d'Amboine. Je l'ay atrapé sur le Sable et l'ay gardé trois jours en vie dans ma maison comme un petit chien qui me suivoit par tout fort familierement. Mr. Scott en a un à Amsterdam dans l'esprit de vin.
33
34
Snavelaar. Trés bon et joly poisson du Mont rouge.
G

30. 黑羽鳃笛鲷 *Macolor niger*，幼鱼

非常美味，非常大，非常罕见，最大能长到30斤重[*]。我在希拉岛待了12年，只见过两条。

31. 斜带紫鱼 *Pristipomoides zonatus*

来自阿罗克，色彩斑驳，常见、美味，适合在鱼塘中饲养。我是在它被刮掉鳞片之后画的，因为这样比有鳞片的时候更漂亮。

32. 箱鲀科 Ostraciidae

另一种鲀，参见 *29*。

33. 躄鱼属 *Antennarius*

来自安汶，也叫散步鱼[†]。我在沙滩上抓到一条，在家里养了三天。它就像一只小狗，在鱼缸里熟稔地跟着我。斯科特先生在阿姆斯特丹保存着一个酒精浸制标本。

34. 丝隆头鱼属 *Cirrhilabrus*

来自蒙鲁热的鱼，非常好看且活泼。

---

* 笛鲷科羽鳃笛鲷属个体长度在 30 厘米左右，没有作者描述的那么大。

† 躄鱼科的物种胸鳍特化，前端仿佛青蛙的脚，能够支撑身体。因此躄鱼可以在水下“漫步”。

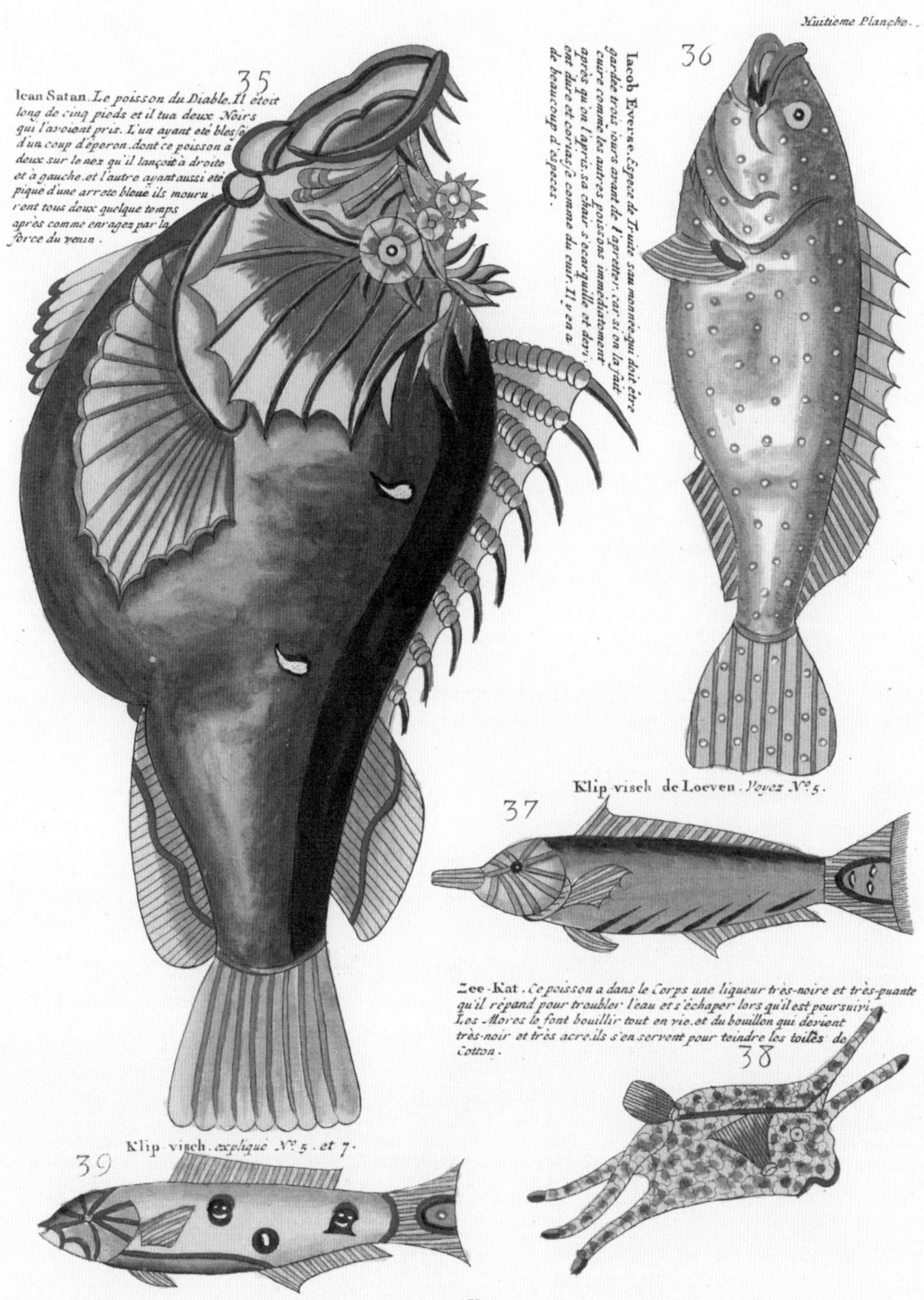
Huitieme Planche.
35
Iean Satan. Le poisson du Diable. Il étoit long de cinq pieds et il tua deux Noirs qui l'avoient pris. L'un ayant eté blessé d'un coup d'eperon. dont ce poisson a deux sur le nez qu'il lançoit à droite et à gauche. et l'autre ayant aussi eté piqué d'une arrete bleuë ils moururent tous deux quelque temps après comme enragez par la force du venin.
Iacob Everse. Espece de Truite saumonnée qui doit étre gardée trois iours avant de l'apretter: car si on la fait cuire comme les autres poissons immédiatement après qu'on l'a pris. sa chair s'ecarquille et devient dure et coriassé comme du cuir. Il y en a de beaucoup d'especes.
36
Klip-visch de Loeven. Voyez N°. 5.
37
Zee-Kat. Ce poisson a dans le Corps une liqueur très-noire et très-puante qu'il répand pour troubler l'eau et s'échaper lors qu'il est poursuivi. Les Mores le font bouillir tout en vie. et du bouillon qui devient très-noir et très acre. ils s'en servent pour teindre les toiles de Cotton.
38
Klip-visch. explique N°. 5. et 7.
39

H

35. 驼背拟鲉 *Scorpaenopsis gibbosa*

也叫恶魔。图中这条有5法尺*长，杀死了两个去抓它的巴布亚人。这种鱼的鼻子上有两根刺，左右挥动便扎伤了其中一人。† 另外一人也被一根蓝色的刺扎伤了。两个伤者在一段时间之后都死了。在去世之前，鱼的毒液令他们痛苦不堪。

36. 青星九棘鲈 *Cephalopholis miniata*

一种石斑鱼，在烹饪前必须放置三天。如果像其他鱼那样抓到之后立刻下锅，它的肉会开裂、硬化，变得像皮革一样坚硬。‡ 石斑鱼包括很多不同物种。

37. 杂色尖嘴鱼 *Gomphosus varius*

来自卢旺岛的岩石鱼，见*5*。

38. 角箱鲀 *Lactoria cornuta*

也叫海猫。这种鱼身体里有一种乌黑恶臭的液体，它一旦被追捕就会喷出这种液体把水搅浑，趁机逃出生天。摩尔人会将这种鱼活活煮熟，这样就能获得浓黑、酸味刺鼻的汤汁来染棉布。

39. 海猪鱼属 *Halichoeres*

一种岩石鱼，见*5*和*7*。

---

* 5法尺约等于162厘米。鲉科最大个体长度能达到约50厘米。

† 鲉科的背鳍而不是鼻子具有毒刺，毒液能导致剧痛、呕吐、抽搐，甚至死亡。

‡ 放置腐熟是一种常见的肉类处理方式，但石斑鱼都以新鲜为上。

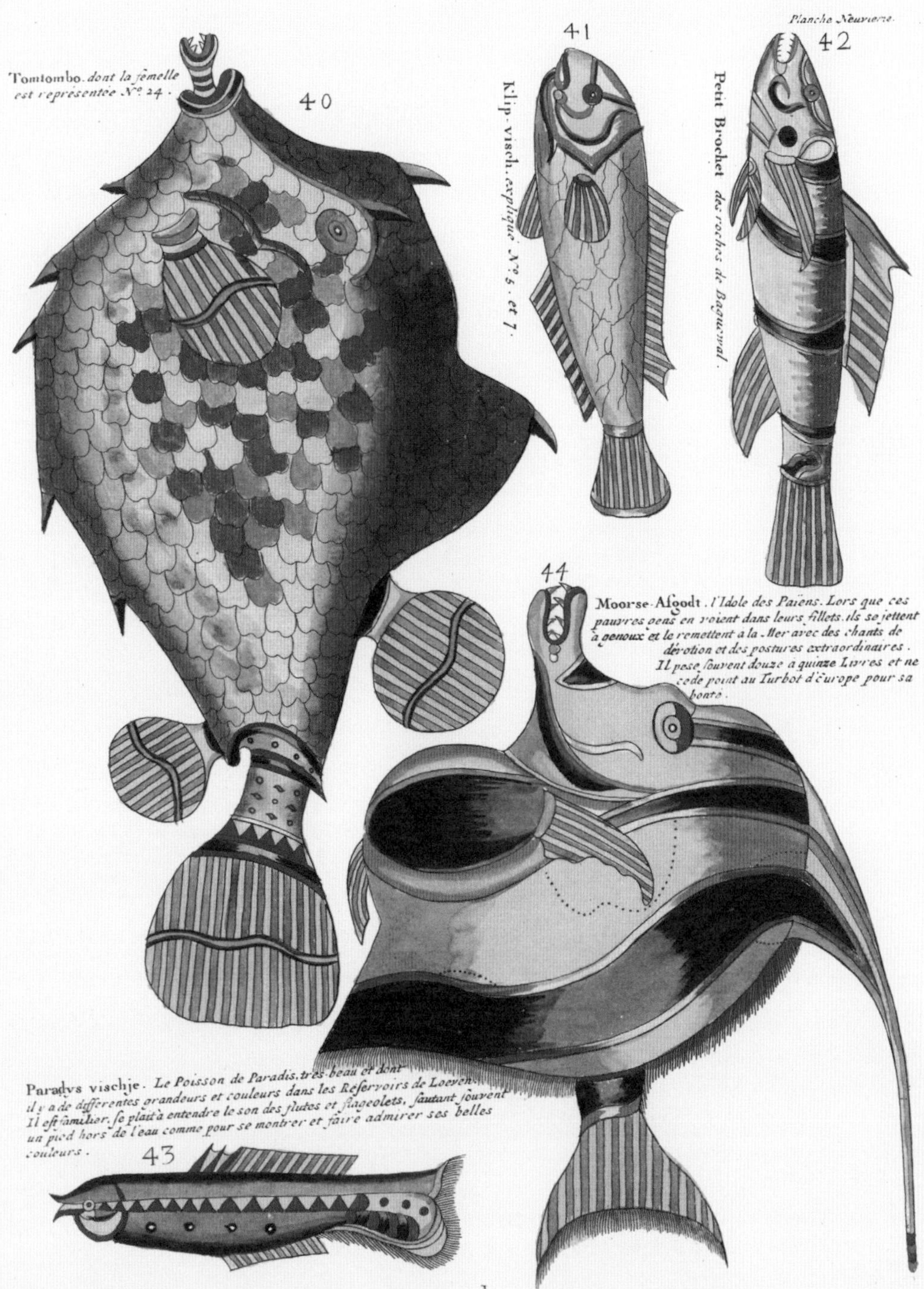
Planche Neuvieme.
Tomtombo. dont la femelle est representée N°. 24.
40
41
Klip-visch. explique N°. 5. et 7.
42
Petit Brochet des roches de Baguwal.
44
Moorse-Afgodt. l'Idole des Paiens. Lors que ces pauvres gens en voient dans leurs fillets. ils se jettent à genoux et le remettent a la Mer avec des chants de dévotion et des postures extraordinaires.
Il pese souvent douze à quinze Livres et ne cede point au Turbot d'Europe pour sa bonté.
Paradys vischje. Le Poisson de Paradis. tres-beau et dont il y a de differentes grandeurs et couleurs dans les Reservoirs de Loeven. Il est familier. se plait à entendre le son des flutes et flageolets, sautant souvent un pied hors de l'eau comme pour se montrer et faire admirer ses belles couleurs.
43
1

40. 驼背真三棱箱鲀 *Tetrosomus gibbosus*，雌性

41. 胸斑锦鱼 *Thalassoma lutescens*

一种岩石鱼，见 5 和 7。

42. 蓝带拟雀鲷 *Pseudochromis cyanotaenia*

在巴格瓦岩石间捕到的小型掠食者。

43. 长吻棘鳅 *Macrognathus aculeatus*

又叫天堂鱼，非常漂亮。在卢旺岛水族箱里养着许多类似物种，颜色、大小各有不同。它很亲人，喜欢听长笛和竖笛的声音，经常跳出水面 1 法尺有余，好像要展示自己，教人欣赏自己美丽的颜色。

44. 角镰鱼 *Zanclus cornutus*

当地土著崇拜的偶像。这些可怜的人在渔网中看到角镰鱼就会跪下来，用虔诚的歌声和奇特的动作将它送归大海。通常重达 12 ~ 15 里弗尔，肉质极佳，不亚于大菱鲆。

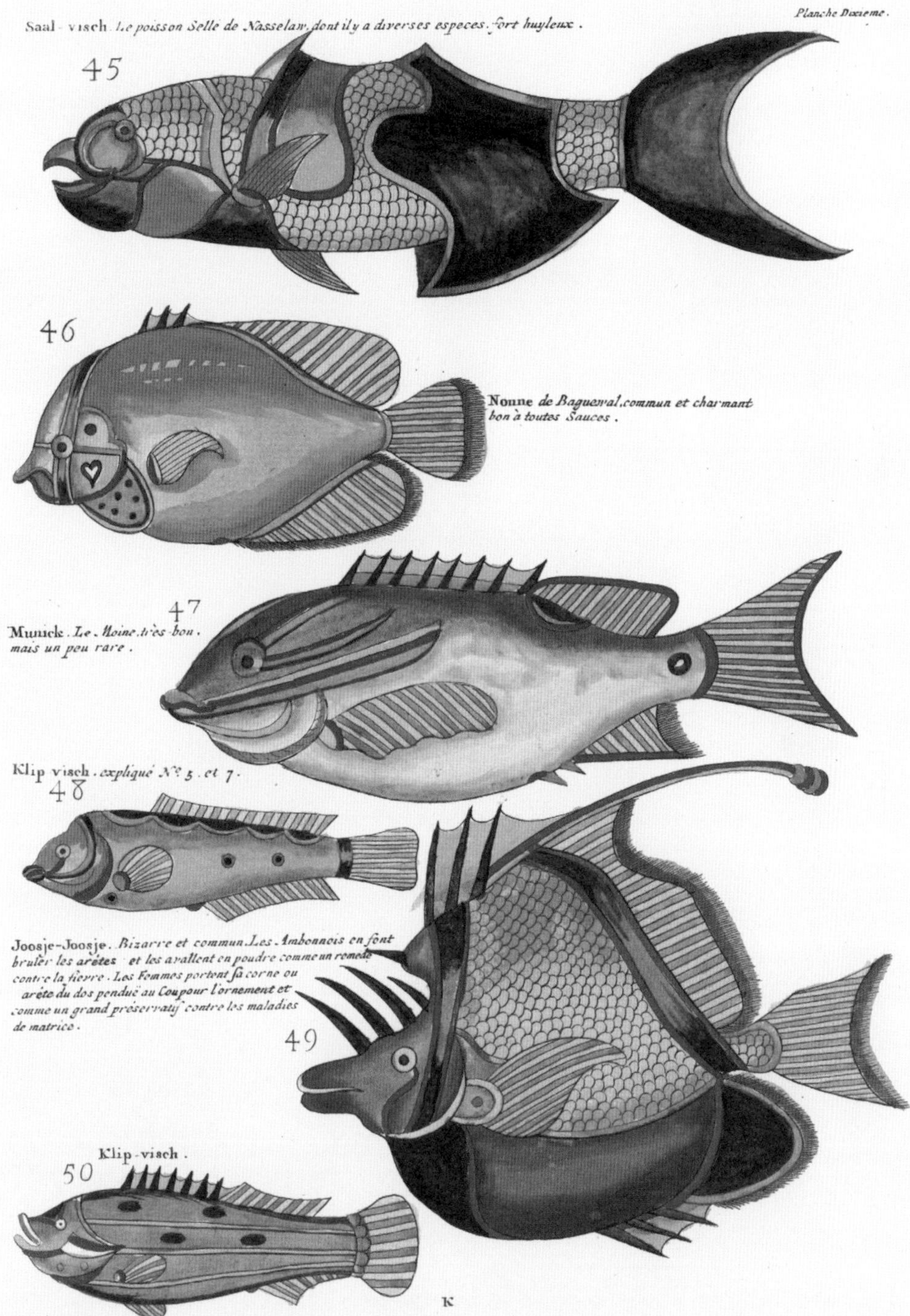

Saal-visch. Le poisson Selle de Nasselaw, dont il y a diverses especes, fort huyleux.
Planche Dixieme.
45
46
Nonne de Baguewal, commun et charmant bon à toutes Sauces.
47
Munick. Le Moine, très-bon, mais un peu rare.
Klip visch. expliqué No. 5. et 7.
48
Joosje-Joosje. Bizarre et commun. Les Ambonnois en font bruler les arêtes et les avallent en poudre comme un remede contre la fievre. Les Femmes portent sa corne ou arête du dos penduë au Cou pour l'ornement et comme un grand préservatif contre les maladies de matrice.
49
Klip-visch.
50
K

45. 詹氏锦鱼 *Thalassoma jansenii*

来自纳塞拉夫的马鞍鱼，包括许多物种，每一种的鳞片都油光发亮。

46. 刺盖鱼科 Pomacanthidae

来自巴格瓦，被称为修女，常见而迷人，与各种酱料搭配都很美味。

47. 双线眶棘鲈 *Scolopsis bilineatus*

非常漂亮，但比较罕见。

48. 隆头鱼科 Labridae

一种岩石鱼。见 5 和 7。

49. 印度洋马夫鱼 *Heniochus pleurotaenia*

常见但令人着迷。安汶土著将它的刺烧成灰，研磨成粉之后吞服，作为治疗发烧的药物。妇女佩戴它的角 * 或脊骨作为装饰品和预防子宫疾病的护身符。

50. 普提鱼属 *Bodianus*

一种岩石鱼。

---

* 印度洋马夫鱼的颈背中央有骨质突起，生长一段时间后会弯曲成牛角状。

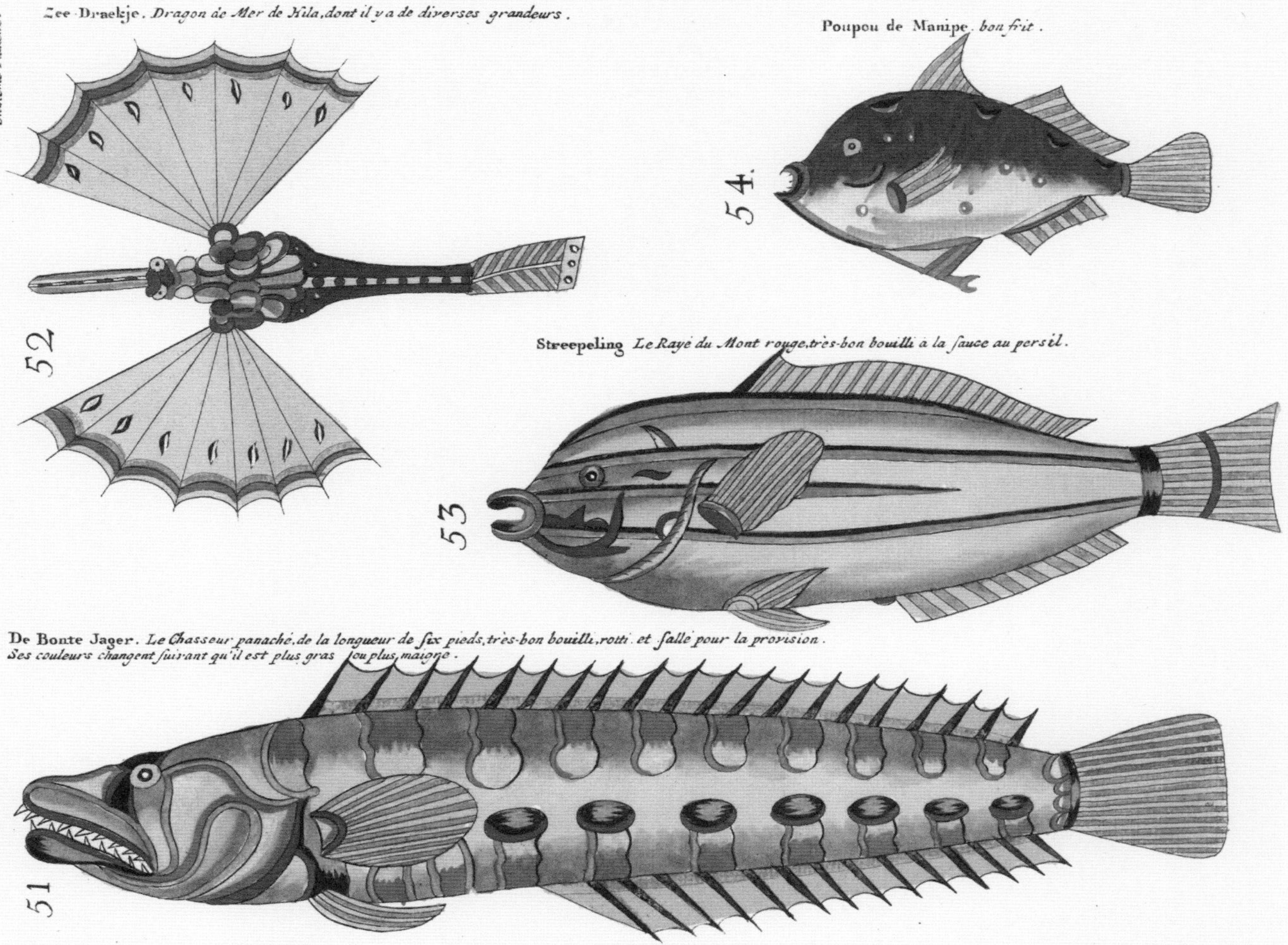
Onzième Planche.
Zee-Draekje. Dragon de Mer de Kila, dont il y a de diverses grandeurs.
52
Poupou de Manipe. bon frit.
54.
Streepeling Le Rayé du Mont rouge, très-bon bouilli à la sauce au persil.
53
De Bonte Jager. Le Chasseur panaché, de la longueur de six pieds, très-bon bouilli, rotti. et sallé pour la provision.
Ses couleurs changent suivant qu'il est plus gras ou plus maigre.
51
L

51. 拟鲈科 Pinguipedidae

满身斑点的掠食者，6 法尺长，水煮、烧烤或盐渍后储存都非常不错。颜色随身体肥瘦而变化。*

52. 飞海蛾鱼 *Pegasus volitans*

也叫海龙，来自希拉岛，有各种大小。

53. 三线紫胸鱼 *Stethojulis trilineata*

来自蒙鲁热，用欧芹酱汁煮着吃非常美味。

54. 星点宽尾鳞鲀 *Abalistes stellaris*

来自马尼帕岛，炸着吃很好吃。

---

* 拟鲈体长通常为 30 厘米或更短，没有作者说的那么长。部分拟鲈科物种成年时是雌性，体形长大后会变成雄性。这里或许是指雌雄状态花色不同。

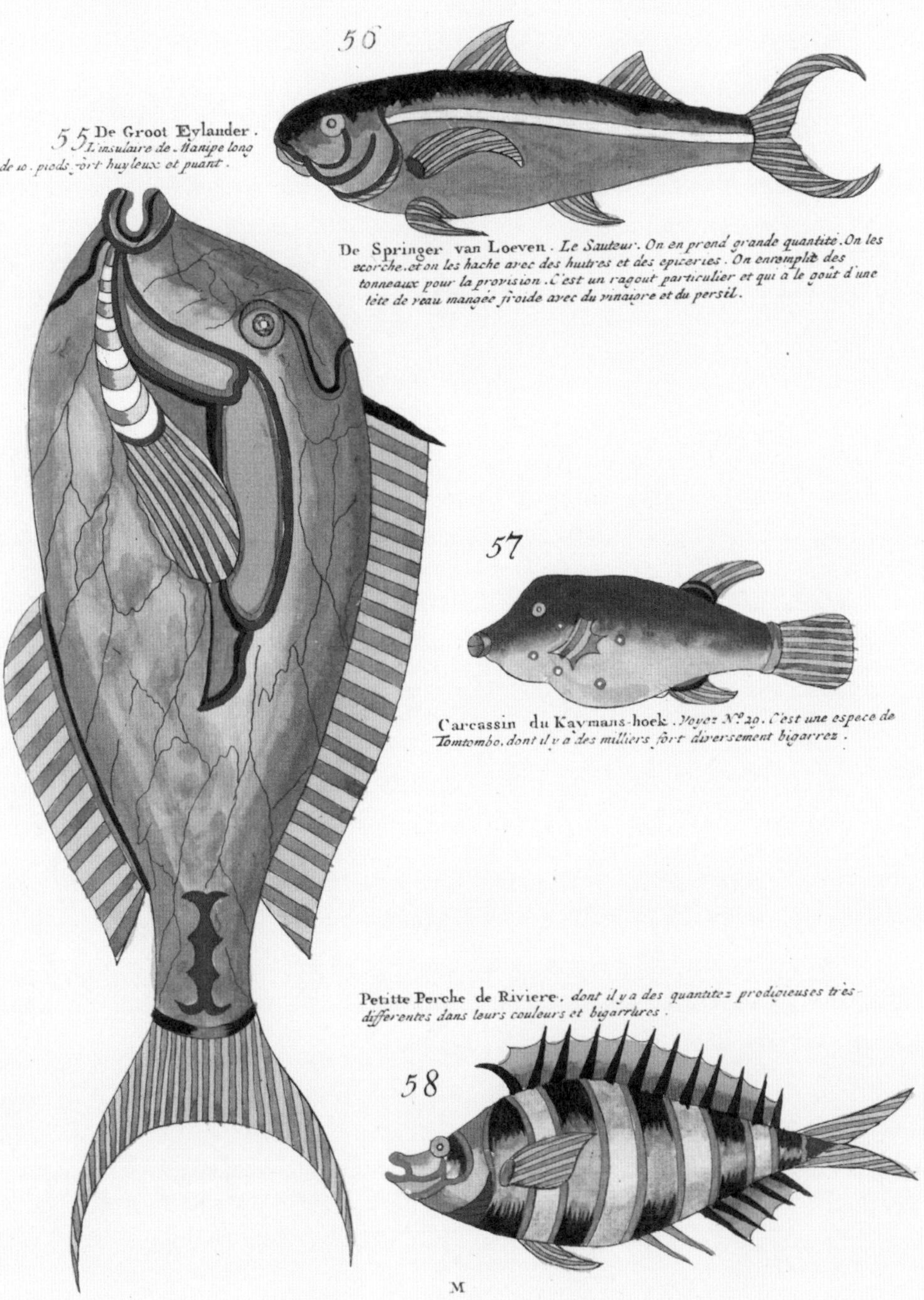
Douzième Planche.
56
55 De Groot Eylander. L'insulaire de Manipe long de 10. pieds fort huyleux et puant.
De Springer van Loeven. Le Sauteur. On en prend grande quantité. On les ecorche, et on les hache avec des huitres et des epiceries. On enremplit des tonneaux pour la provision. C'est un ragout particulier et qui a le goût d'une tête de veau mangée froide avec du vinaigre et du persil.
57
Carcassin du Kaymans-hoek. Voyez N°. 29. C'est une espece de Tomtombo, dont il y a des milliers fort diversement bigarrez.
Petitte Perche de Riviere. dont il y a des quantitez prodigieuses très differentes dans leurs couleurs et bigarrures.
58
M

55. 橙斑刺尾鱼 *Acanthurus olivaceus*

栖息于马尼帕岛，10 法尺长[*]，非常油腻且有臭味。

56. 鰤属 *Seriola*

来自卢旺岛。人们大量捕捞这种鱼，将它们剥皮后与牡蛎、香料一起切碎，填进桶里保存，制成一种特别的杂菜，味道就像冷吃小牛肉配醋和欧芹。

57. 黑斑叉鼻鲀 *Arothron nigropunctatus*

来自人鱼角，属于鲀科，见 *29*。鲀科的颜色和花纹差异非常大。

58. 多氏异孔石鲈 *Anisotremus dovii*

河里的小鱼，体色和花纹千变万化。

---

* 刺尾鱼科没有作者描述的那么大，体长通常为 15 厘米。

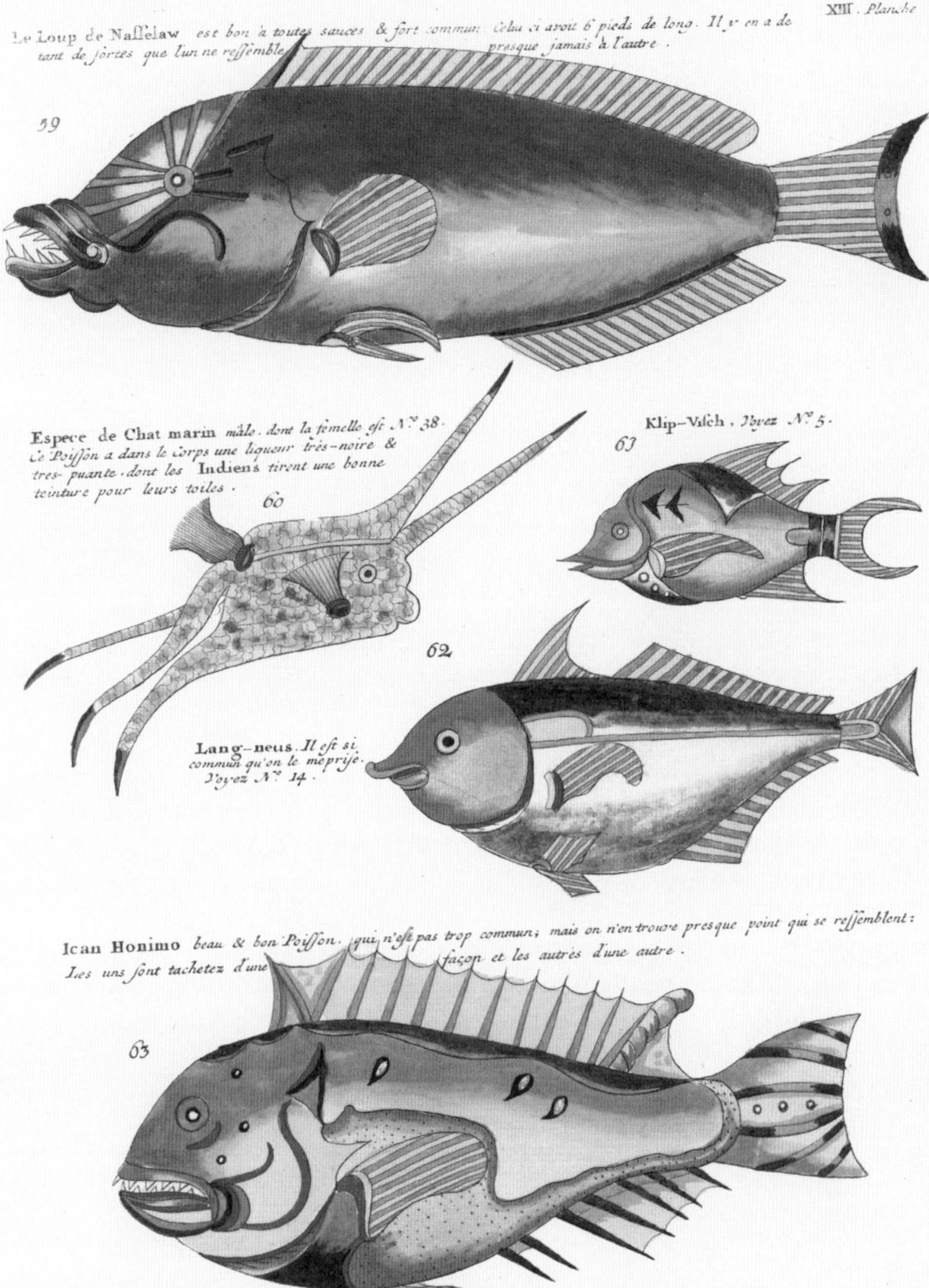
XIII. Planche
Le Loup de Nassélaw est bon à toutes sauces & fort commun. Celui ci avoit 6 pieds de long. Il y en a de tant de sortes que l'un ne ressemble presque jamais à l'autre.
59
Espece de Chat marin mâle, dont la femelle est N.º 38. Ce Poisson a dans le corps une liqueur très-noire & très-puante, dont les Indiens tirent une bonne teinture pour leurs toiles.
60
Klip-Vísch, Voyez N.º 5.
61
62
Lang-neus. Il est si commun qu'on le méprise. Voyez N.º 14.
Ican Honimo beau & bon Poisson, qui n'est pas trop commun; mais on n'en trouve presque point qui se ressemblent: Les uns sont tachetez d'une façon et les autres d'une autre.
63
N

59. 大眼猪齿鱼 *Choerodon graphicus*

来自纳塞拉夫。搭配所有的酱汁都非常美味，而且很常见。这一条有 6 法尺长。这类鱼形态繁多，两条鱼几乎不可能长得完全一样。

60. 角箱鲀 *Lactoria cornuta*

雄性角箱鲀，雌性见 *38*。这种鱼身体里有一种乌黑恶臭的液体，当地土著用这种液体制成了很不错的染料来染布。

61. 坦氏刺尾鱼 *Acanthurus tennentii*

岩石鱼，参见 *5*。

62. 鼻鱼属 *Naso*

极其常见的鱼类，因此不受关注。参见 *14*。

63. 石斑鱼科 Epinephelidae

来自奥尼莫。漂亮又美味的鱼，不太常见。每一条的斑纹都彼此不同，几乎没见过和它长得一样的鱼。

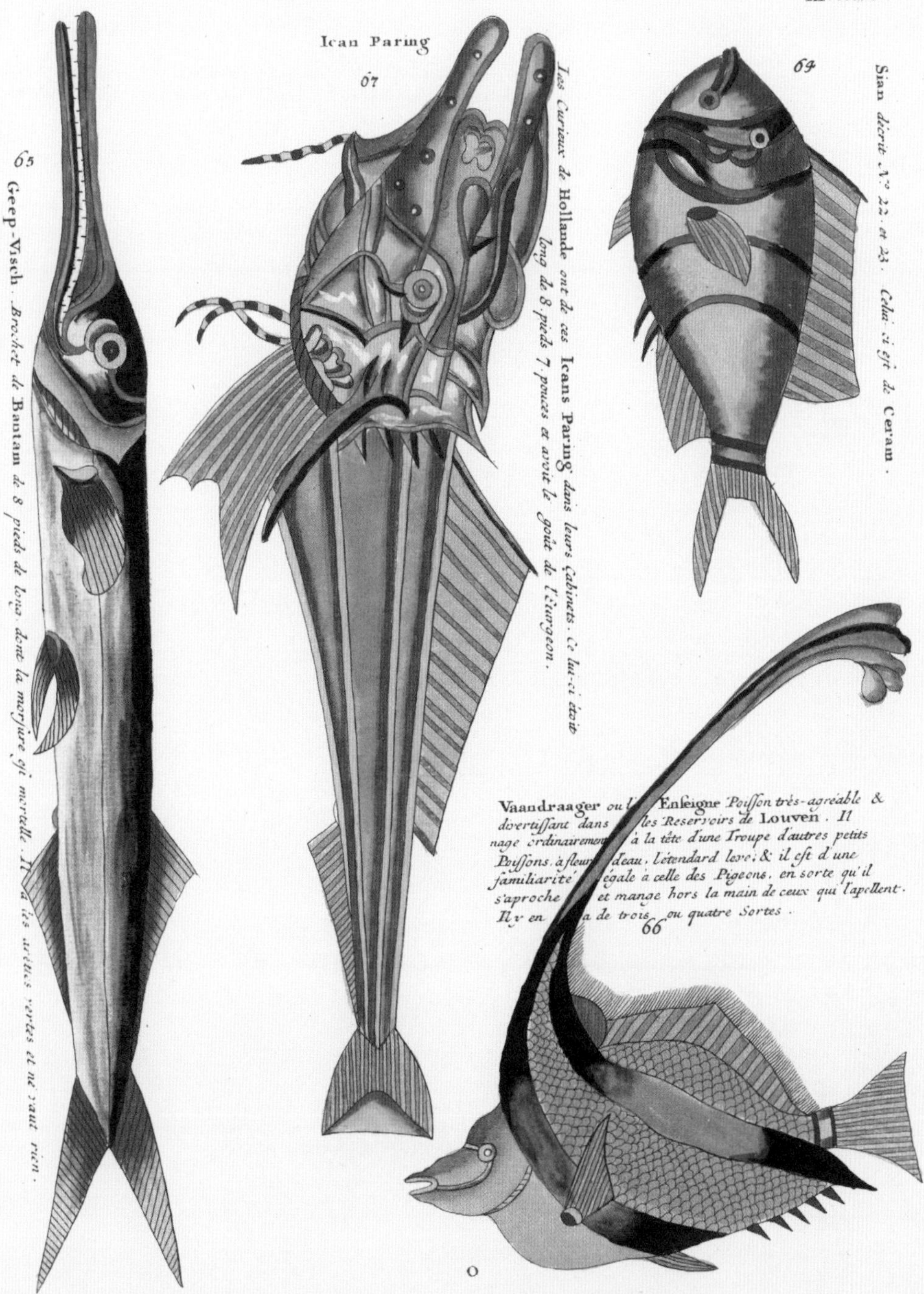
XIV. Planche
Ican Paring
67
64
65
Geep-Visch. Brochet de Bantam de 8 pieds de long. dont la morsure est mortelle. Il a les autres sortes et ne vaut rien.
Les Curieux de Hollande ont de ces Icans Paring dans leurs Cabinets. Ce lui-ci étoit long de 8. pieds 7. pouces et avoit le goût de l'Eturgeon.
Sian décrit No 22. et 23. Celui ci est de Ceram.
Vaandraager ou l'Enseigne Poisson très-agréable & divertissant dans les Reservoirs de Louven. Il nage ordinairement à la tête d'une Troupe d'autres petits Poissons, à fleur d'eau, l'etendard levé; & il est d'une familiarité égale à celle des Pigeons, en sorte qu'il s'aproche et mange hors la main de ceux qui l'apellent. Il y en a de trois ou quatre Sortes.
66
o

64. 甲若鲹 *Carangoides armatus*

参见 *22* 和 *23*。图中个体来自印度尼西亚塞兰岛。

65. 鳄形圆颌针鱼 *Tylosurus crocodilus*

8 法尺长，类似梭子鱼，来自巴淡岛，具有致命的咬合力。它的刺呈绿色，没有利用价值。*

66. 马夫鱼 *Heniochus acuminatus*

一种非常有趣、可亲的鱼，能在水族箱中饲养。它通常游在其他小鱼组成的鱼群前面，背鳍高耸，与水面齐平。它像鸽子一样亲人，饲主可以把它呼唤过来，让它在自己手里吃东西。马夫鱼属包括数个物种。

67. 黄鲂鮄科 Peristediidae

这件标本由荷兰博物学家提供。标本长 8 法尺 7 法寸†，据说吃起来像鲟鱼。

---

* 颌针鱼体内含有大量胆绿素，因此骨骼呈绿色，不影响食用且味道鲜美。

† 1 法寸约等于 2.71 厘米。

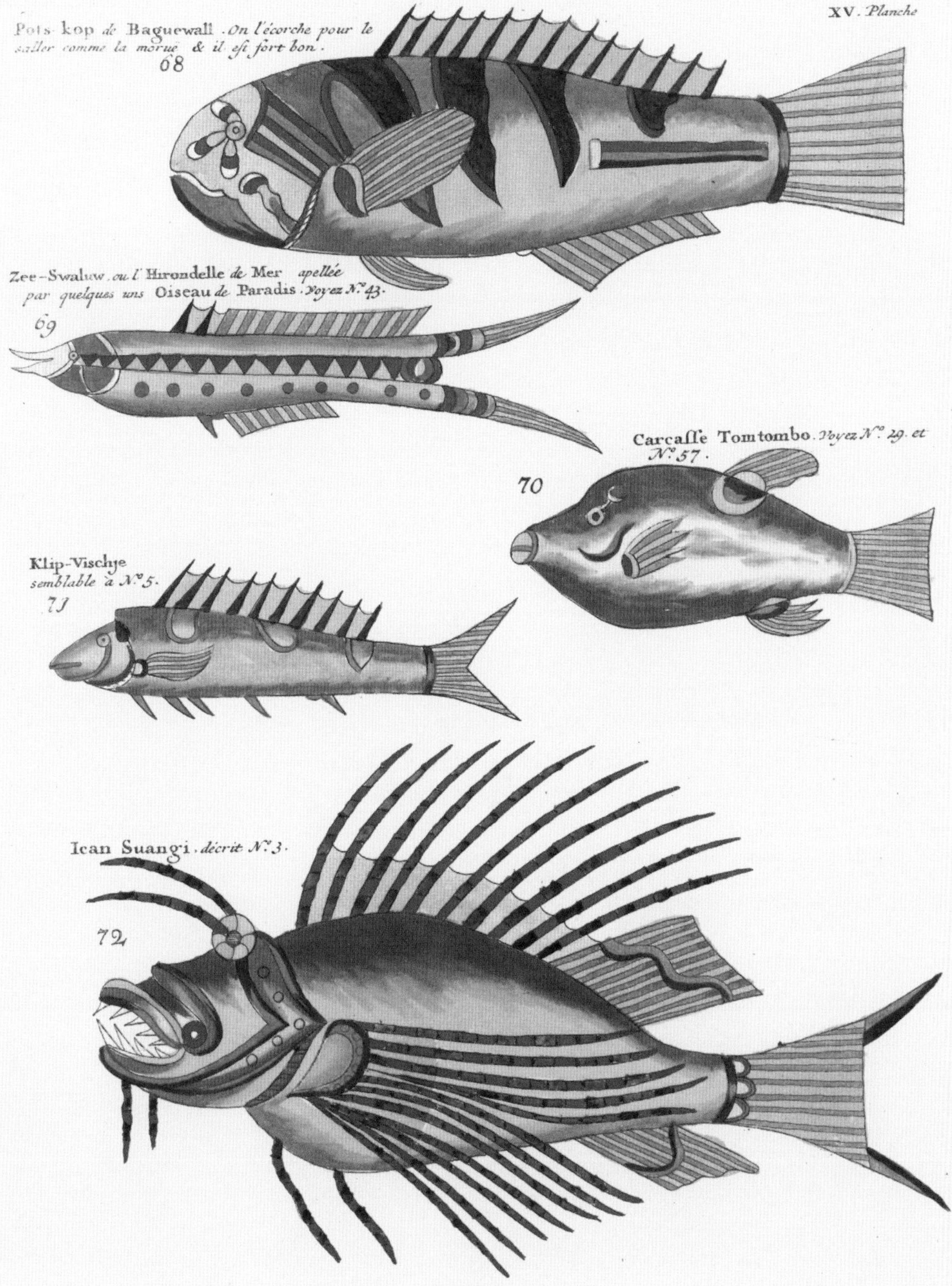
XV. Planche
Pots-kop de Baguewall. On l'écorche pour le saller comme la morue & il est fort bon.
68
Zee-Swaluw, ou l'Hirondelle de Mer apellée par quelques uns Oiseau de Paradis. Voyez N.° 43.
69
Carcasse Tomtombo. Voyez N.° 29. et N.° 57.
70
Klip-Vischje semblable a N.° 5.
71
Ican Suangi. décrit N.° 3.
72
P

68. 哈氏锦鱼 *Thalassoma hardwicke*

来自巴格瓦。人们把它剥了皮烤熟，就像处理鳕鱼一样，味道非常好。

69. 长吻棘鳅 *Macrognathus aculeatus*

有些人将它称为海燕子或天堂鱼，参见 *43*。

70. 无斑叉鼻鲀 *Arothron immaculatus*

参见 *29* 和 *57*。

71. 隆头鱼科 Labridae

岩石鱼，参见 *5*。

72. 蓑鲉属 *Pterois*

同 *3*。

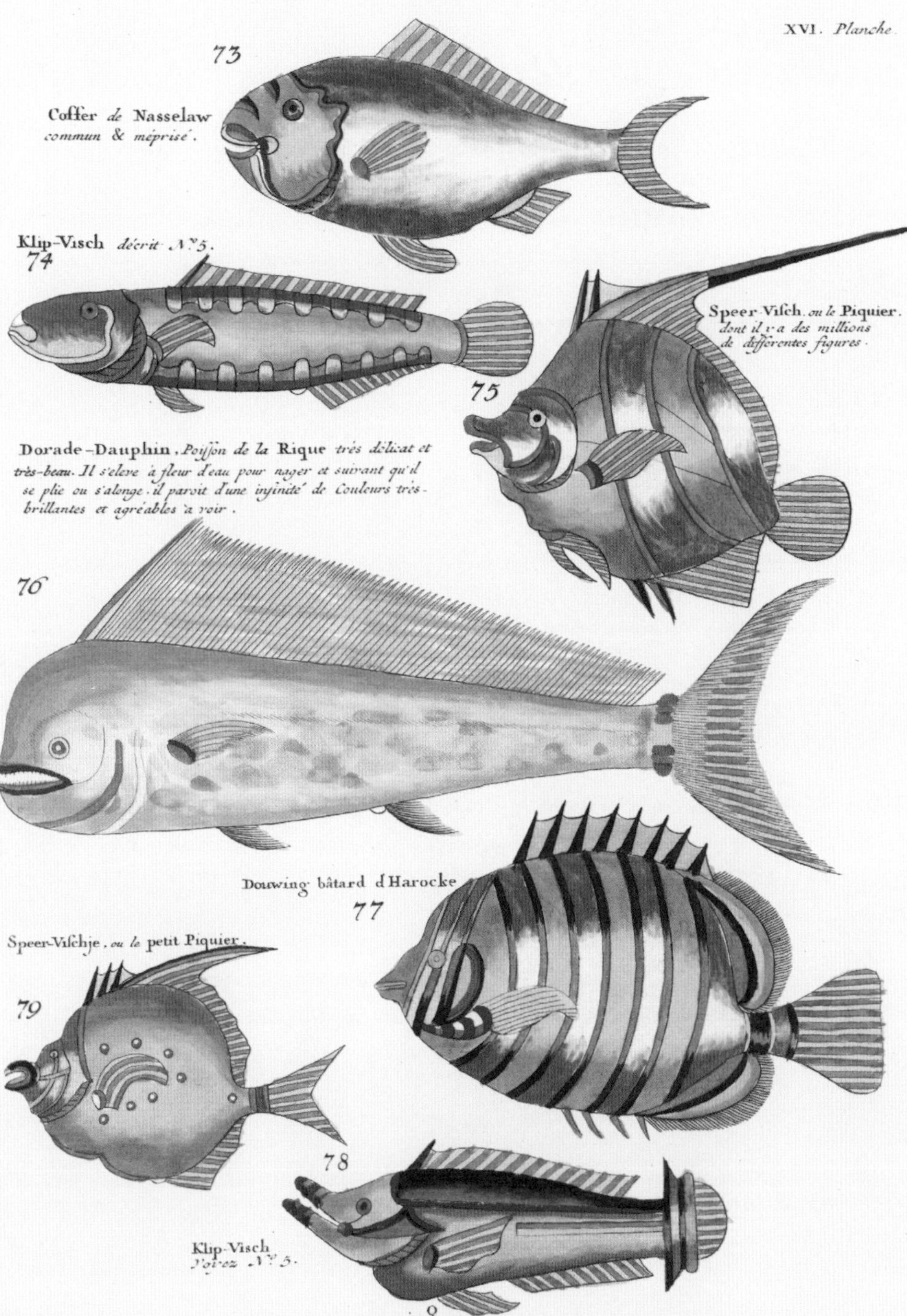
XVI. Planche.
73
Coffer de Nasselaw
commun & méprisé.
Klip-Visch décrit N°5.
74
Speer-Visch. ou le Piquier.
dont il y a des millions
de differentes figures.
75
Dorade-Dauphin. Poisson de la Rique très délicat et
très-beau. Il s'eleve à fleur d'eau pour nager et suivant qu'il
se plie ou s'alonge il paroit d'une infinité de Couleurs très-
brillantes et agréables à voir.
76
Douwing bâtard d'Harocke
77
Speer-Vischje, ou le petit Piquier.
79
78
Klip-Visch
Voyez N°5.
Q

73. 鳞鲀科 Balistidae

来自纳塞拉夫，常见而不受重视。

74. 拟鲈属 *Parapercis*

岩石鱼，参见 *5*。

75. 单角马夫鱼 *Heniochus monoceros*

也叫长矛兵，有许许多多不同的形态。

76. 鲯鳅 *Coryphaena hippurus*

也叫海豚鱼*，来自里克岛。非常精致美丽的鱼类。它自水面之下浮现，身躯随着游动弯曲或伸展，现出无限绚丽的色彩，令人心旷神怡。

77. 林氏蝴蝶鱼 *Chaetodon rainfordi*

来自阿罗克的杂交种。

78. 海猪鱼属 *Halichoeres*

岩石鱼，参见 *5*。

79. 四带马夫鱼 *Heniochus singularius*

也叫小型长矛兵。

---

* 鲯鳅是硬骨鱼类，用鳃呼吸，与水生哺乳动物海豚亲缘关系非常远；“海豚鱼”只是俗称。

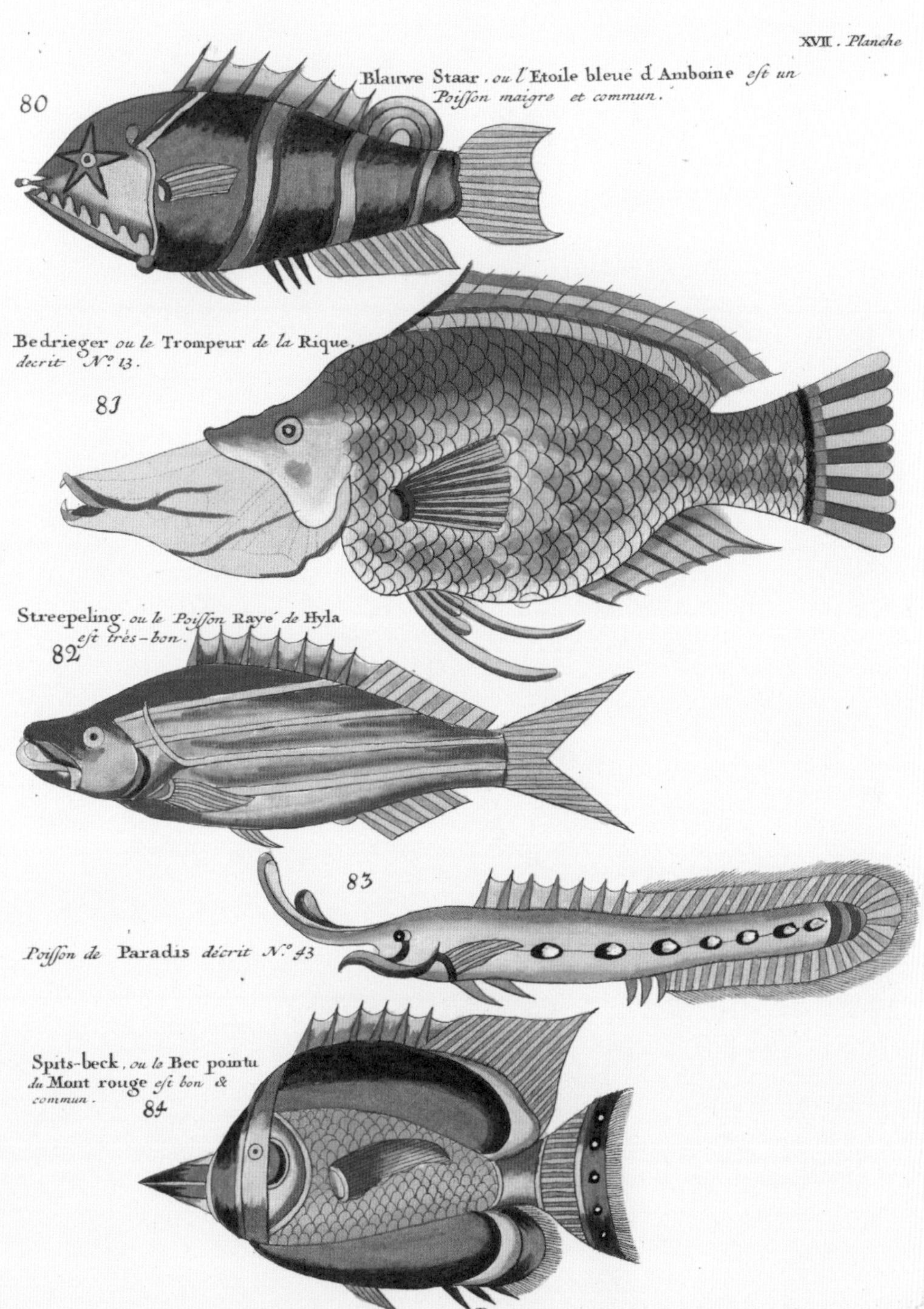

XVII. Planche
80
Blauwe Staar, ou l'Etoile bleuë d'Amboine est un Poisson maigre et commun.
Bedrieger ou le Trompeur de la Rique, decrit N.° 13.
81
Streepeling. ou le Poisson Rayé de Hyla est très-bon.
82
83
Poisson de Paradis décrit N.° 43
Spits-beck, ou le Bec pointu du Mont rouge est bon & commun.
84
R

80. 条纹厚唇鱼 *Hemigymnus fasciatus*

又叫蓝星，来自安汶。体形薄，很常见。

81. 伸口鱼 *Epibulus insidiator*

来自里克岛，参见*13*。

82. 胸斑笛鲷 *Lutjanus carponotatus*

带条纹的鱼，来自希拉岛，非常美味。

83. 长吻棘鳅 *Macrognathus aculeatus*

天堂鱼，参见*43*。

84. 钻嘴鱼属 *Chelmon*

来自蒙鲁热，美丽且常见。

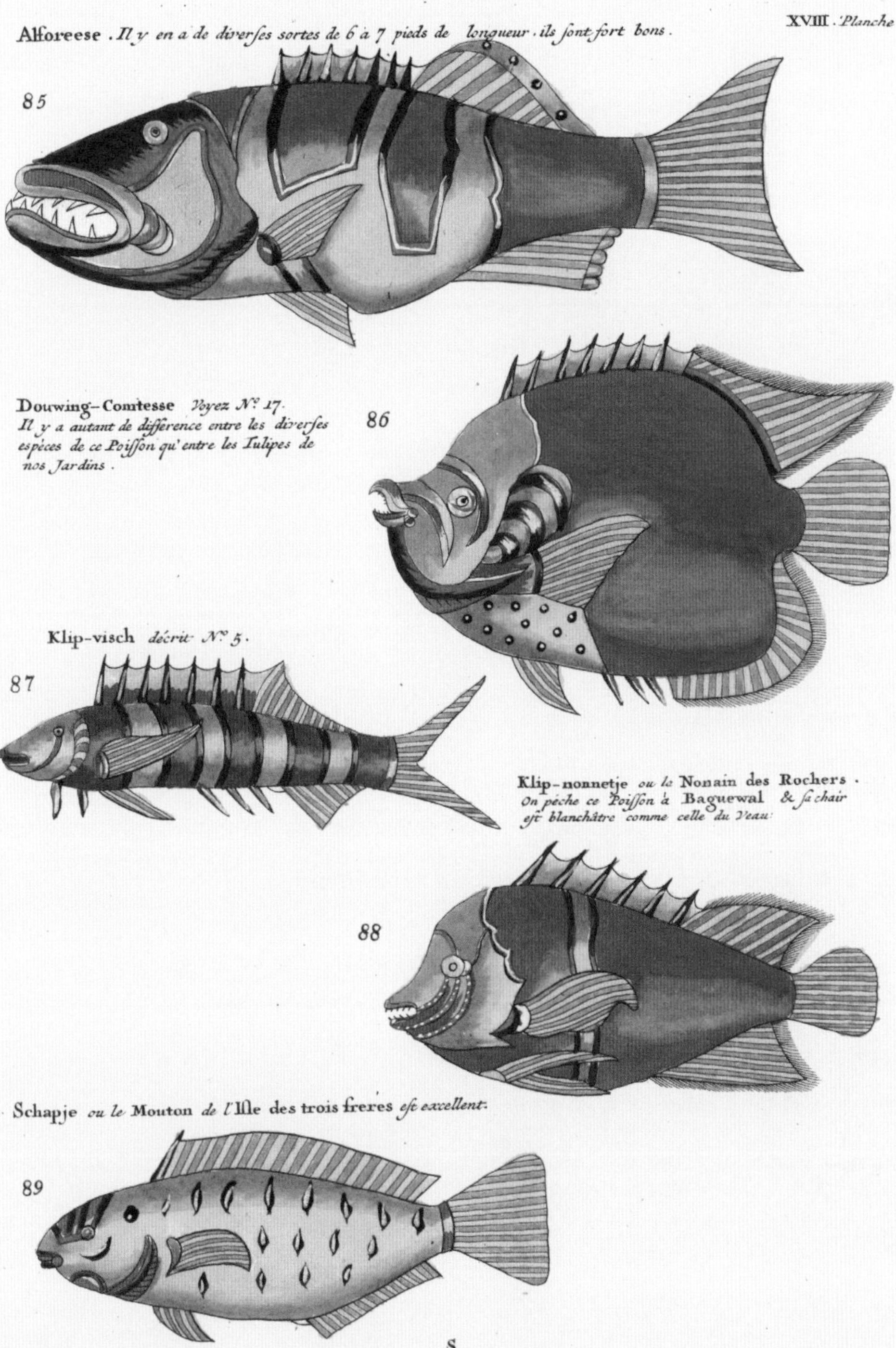
Alforeese . Il y en a de diverſes sortes de 6 à 7 pieds de longueur . ils ſont fort bons .
XVIII . Planche
85
Douwing-Comtesse Voyez N.° 17.
Il y a autant de difference entre les diverſes espèces de ce Poiſſon qu'entre les Tulipes de nos Jardins .
86
Klip-visch décrit N.° 5.
87
Klip-nonnetje ou le Nonain des Rochers .
On pêche ce Poiſſon à Baguewal & ſa chair eſt blanchâtre comme celle du Veau.
88
Schapje ou le Mouton de l'Iſle des trois freres eſt excellent.
89
S

85. 黑鞍鳃棘鲈 *Plectropomus laevis*

有各种类型，长达 6 ~ 7 法尺，都非常美味。

86. 黄颅刺盖鱼 *Pomacanthus xanthometopon*

参见 *17*。刺盖鱼科的不同物种之间差异巨大，就像花园里的种种郁金香。

87. 隆头鱼科 Labridae

岩石鱼，参见 *5*。

88. 刺盖鱼科 Pomacanthidae

也叫修女，一种岩石鱼，捕获于巴格瓦。它的肉微微发白，像小牛肉。

89. 鹦鲷属 *Sparisoma*

被称为绵羊鱼，来自三兄弟岛，非常美味。

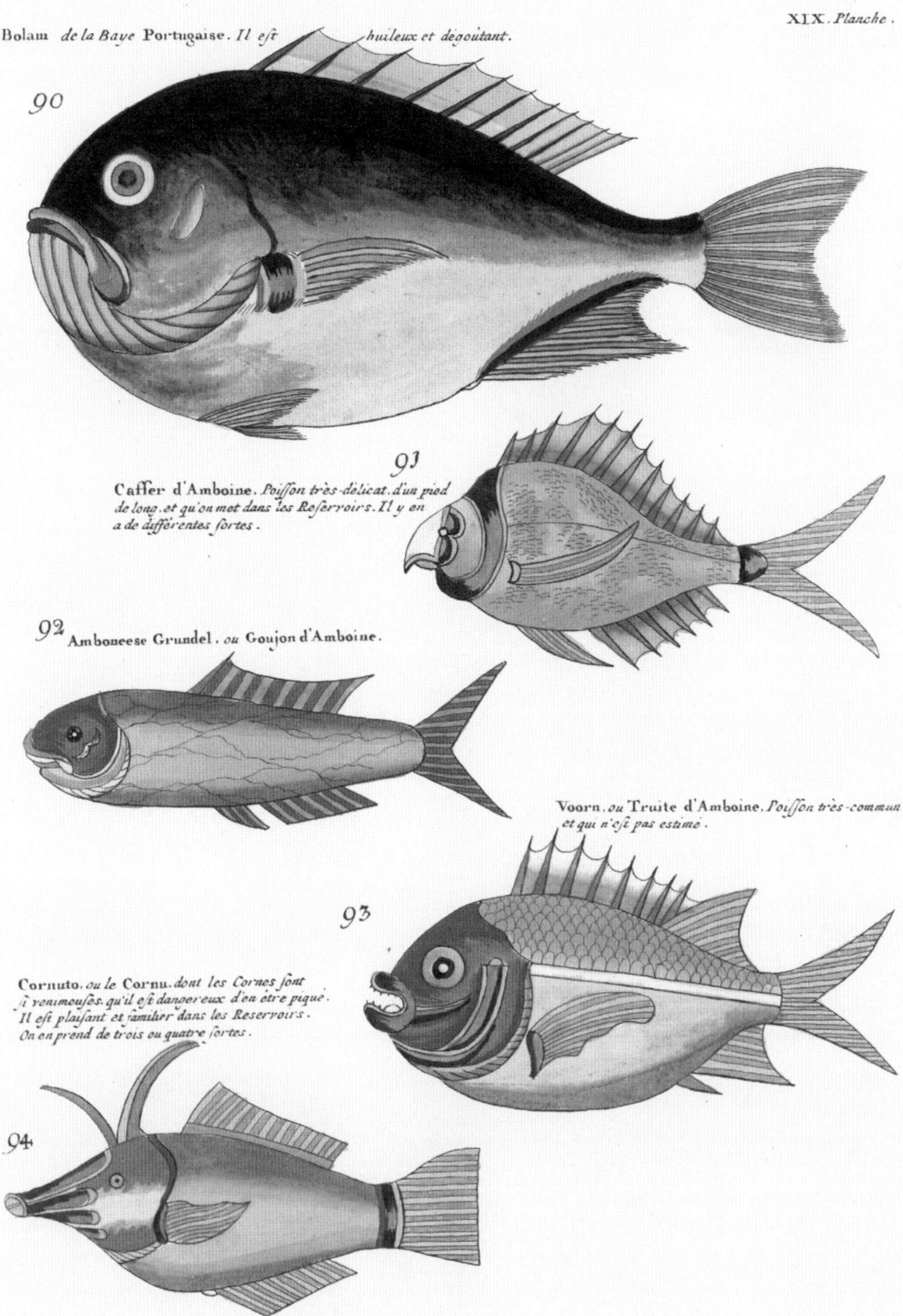
XIX. Planche.
Bolam de la Baye Portugaise. Il eſt huileux et dégoûtant.
90
91
Caffer d'Amboine. Poiſſon très-délicat. d'un pied
de long. et qu'on met dans les Reſervoirs. Il y en
a de différentes ſortes.
92 Amboneese Grundel. ou Goujon d'Amboine.
Voorn. ou Truite d'Amboine. Poiſſon très-commun.
et qui n'eſt pas estimé.
93
Cornuto. ou le Cornu. dont les Cornes ſont
ſi venimouſes. qu'il eſt dangereux d'en être piqué.
Il eſt plaiſant et familier dans les Reservoirs.
On en prend de trois ou quatre ſortes.
94
T.

90. 烟鲈 *Aethaloperca rogaa*

来自葡萄牙湾，油腻且倒人胃口。

91. 鲾科 Leiognathidae

来自安汶，非常精致的鱼，一法尺长，有人把它养在水族箱里。形态多样。

92. 金黄异齿鳚 *Ecsenius midas*

来自安汶的小鱼。

93. 雀鲷科 Pomacentridae

来自安汶，很常见的鱼，不受关注。

94. 拟三刺鲀科 Triacanthodidae

也叫角鱼，它的角有剧毒，有刺伤人的危险。这种鱼养在水族箱里会非常亲人友善。拟三刺鲀包括多个物种。

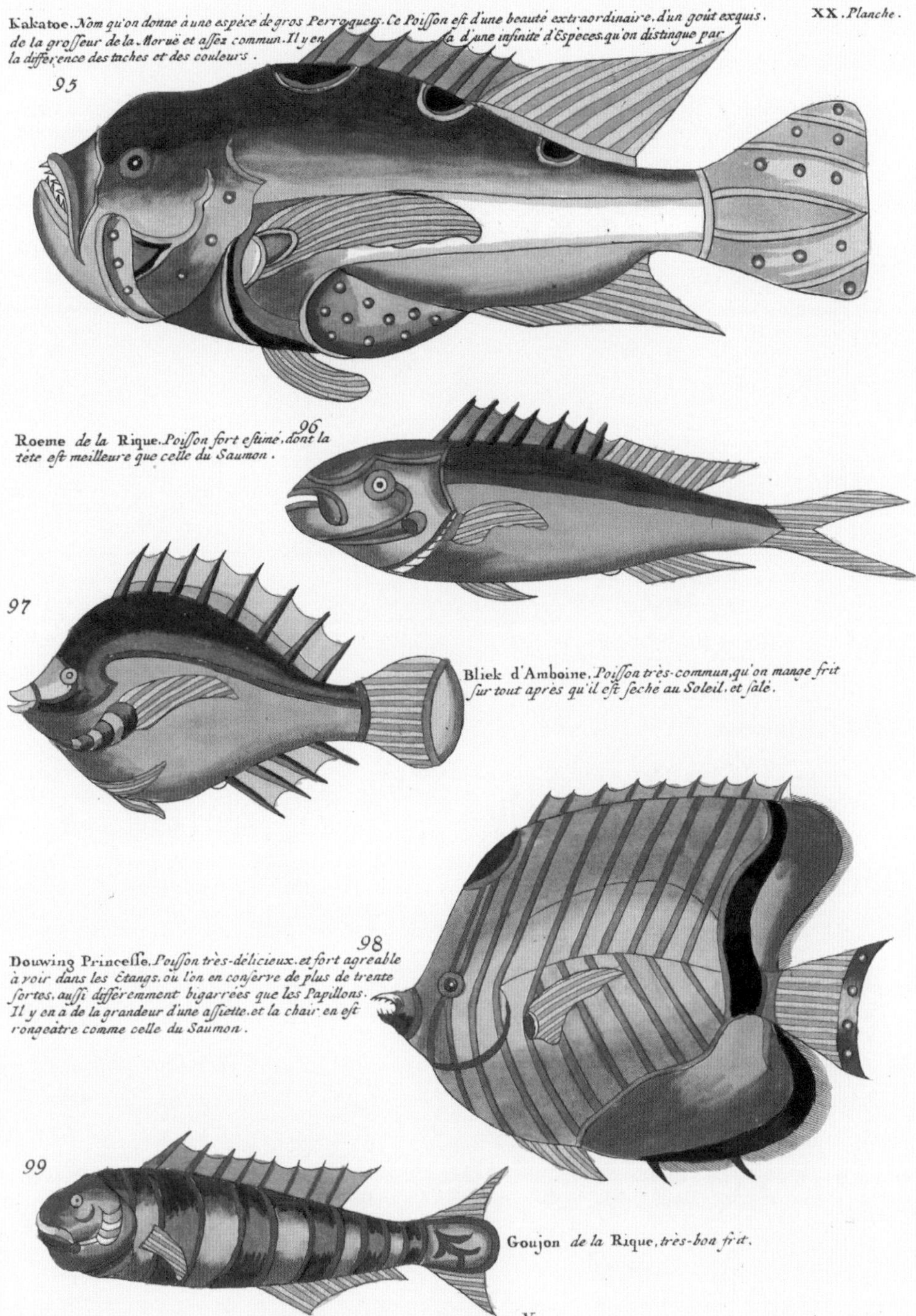
Kakatoe. Nom qu'on donne à une espéce de gros Perroquets. Ce Poiſſon eſt d'une beauté extraordinaire, d'un goût exquis, de la groſſeur de la Moruë et aſſez commun. Il y en a d'une infinité d'Espèces, qu'on distingue par la différence des taches et des couleurs.
XX. Planche.
95
96
Roeme de la Rique. Poiſſon fort eſtimé, dont la tête eſt meilleure que celle du Saumon.
97
Bliek d'Amboine. Poiſſon très-commun, qu'on mange frit ſur tout après qu'il eſt ſeché au Soleil, et ſalé.
98
Douwing Princeſſe. Poiſſon très-délicieux, et fort agreable à voir dans les Etangs, où l'on en conſerve de plus de trente ſortes, auſſi différemment bigarrées que les Papillons. Il y en a de la grandeur d'une aſſiette, et la chair en eſt rougeâtre comme celle du Saumon.
99
Goujon de la Rique, très-bon frit.
V.

95. 隆头鱼科 Labridae

也叫凤头鹦鹉。这种鱼美丽非凡，口感细腻，个头类似鳕鱼，也和鳕鱼一样常见。根据斑点和颜色的差异可以把它分为无数个物种。

96. 梅鲷科 Caesionidae

来自里克岛，人们对它评价很高，因为这种鱼的头比三文鱼的头更美味。

97. 闪光刺尻鱼 *Centropyge resplendens*

来自安汶，很常见的鱼。在太阳下晒干再用盐腌制后，整个炸着吃。

98. 马达加斯加蝴蝶鱼 *Chaetodon madagaskariensis*

也叫公主，是一种非常美味的鱼，养在水族箱中也很令人赏心悦目。有人养了*30* 多种蝴蝶鱼，正像蝴蝶一样颜色各异。有些鱼有盘子大小，肉是淡红色的，像三文鱼肉。

99. 隆头鱼科 Labridae

来自里克岛的小鱼，油炸后非常好吃。

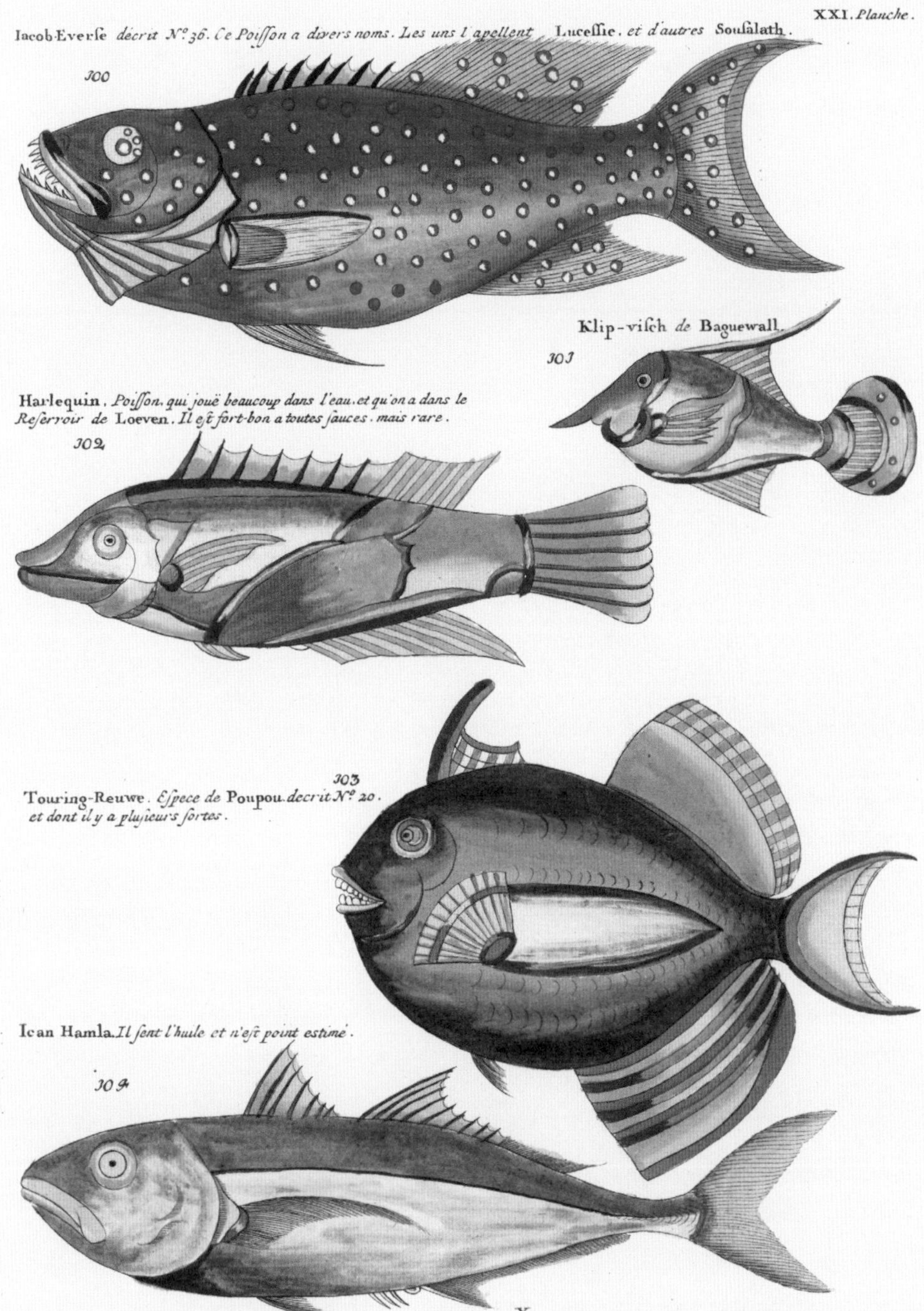
XXI. Planche.
Iacob-Everse décrit N°. 36. Ce Poisson a divers noms. Les uns l'apellent Lucessie, et d'autres Sousalath.
300
Klip-visch de Baguewall.
301
Harlequin, Poisson, qui jouë beaucoup dans l'eau, et qu'on a dans le
Reserroir de Loeven. Il est fort-bon a toutes sauces, mais rare.
302
303
Touring-Reuwe. Espece de Poupou decrit N°. 20.
et dont il y a plusieurs sortes.
Ican Hamla. Il sent l'huile et n'est point estimé.
304
X.

100. 侧牙鲈 *Variola louti*

这类鱼有很多名称，有些人称它为 *Lucessie*，有些人称它为 *Sousalath*。

101. 钻嘴鱼属 *Chelmon*

巴格瓦的岩石鱼。

102. 中胸普提鱼 *Bodianus mesothorax*

又叫阿勒昆*，经常在水中玩耍，卢旺岛的人们把它养在水族箱里。配所有的酱汁都非常美味，但很少见。

103. 黄边副鳞鲀 *Pseudobalistes flavimarginatus*

一种鳞鲀，参见 *20*。包括许多物种。

104. 长体圆鲹 *Decapterus macrosoma*

气味油腻，不受重视。

---

* 意大利喜剧的固定角色“阿勒昆”（也译作“阿尔列金”），狡猾，热衷于恶作剧，代表服装是全身布满彩色方块的小丑服。

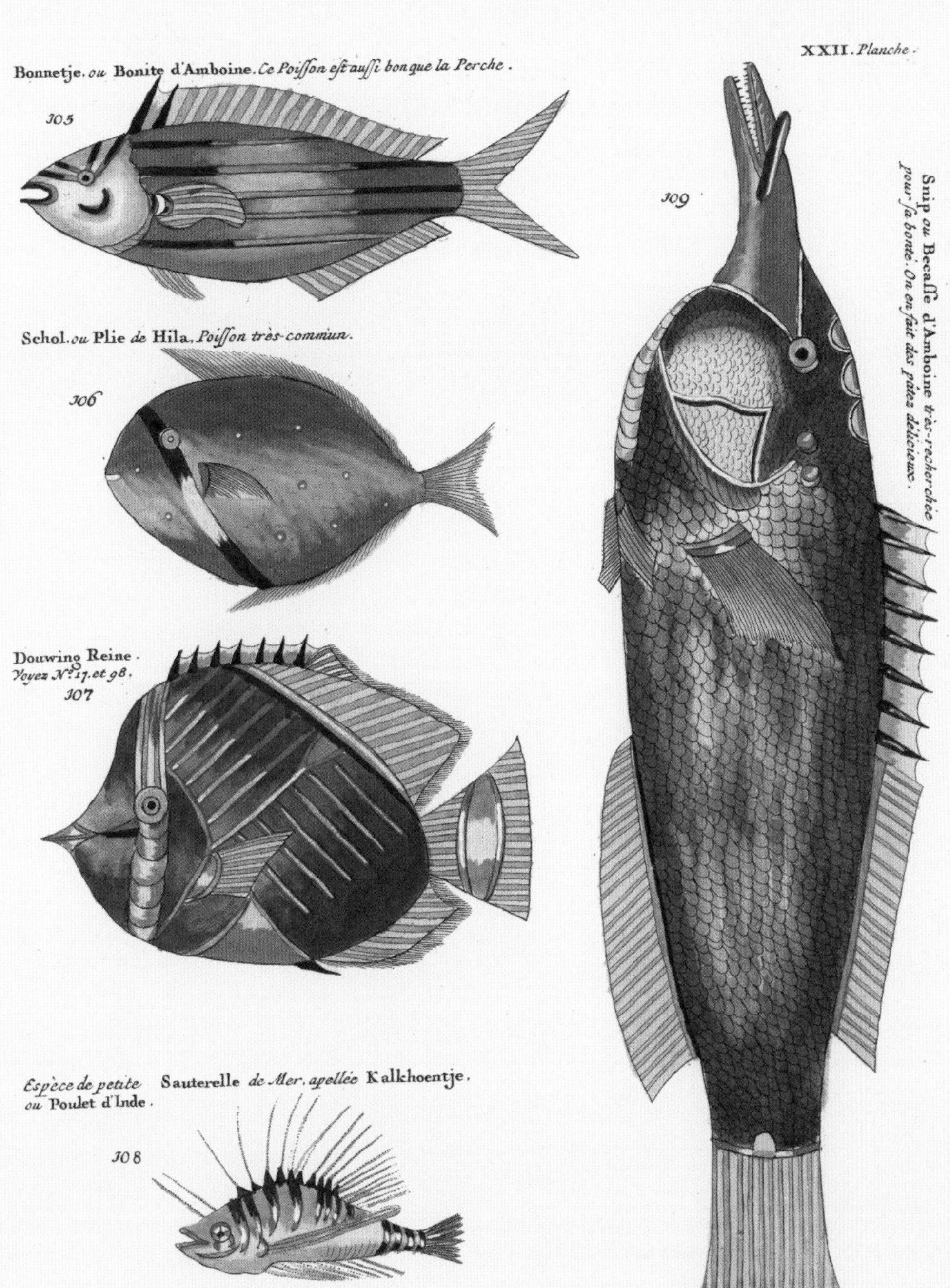
XXII. Planche.
Bonnetje. ou Bonite d'Amboine. Ce Poiſſon eſt auſſi bon que la Perche.
305
Schol. ou Plie de Hila. Poiſſon très-commun.
306
Douwing Reine.
Voyez N°. 17. et 98.
307
Espèce de petite Sauterelle de Mer, apellée Kalkhoentje,
ou Poulet d'Inde.
308
309
Snip ou Becaſſe d'Amboine très-recherchée
pour ſa bonté. On en fait des pâtez délicieux.
Y

105. 似虹锦鱼属 *Pseudojuloides*

来自安汶，像鲈鱼一样好吃。

106. 白点蓝子鱼 *Siganus sutor*

比目鱼，来自希拉岛，非常常见。

107. 斜纹蝴蝶鱼 *Chaetodon vagabundus*

参见 *98*。

108. 蓑鲉属 *Pterois*

又叫海蚱蜢，也被称为东印度的鸡肉。

109. 杂色尖嘴鱼 *Gomphosus varius*

来自安汶，因肉质良好而备受喜爱，可用来制作美味的意大利面。

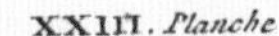

XXIII. *Planche.*

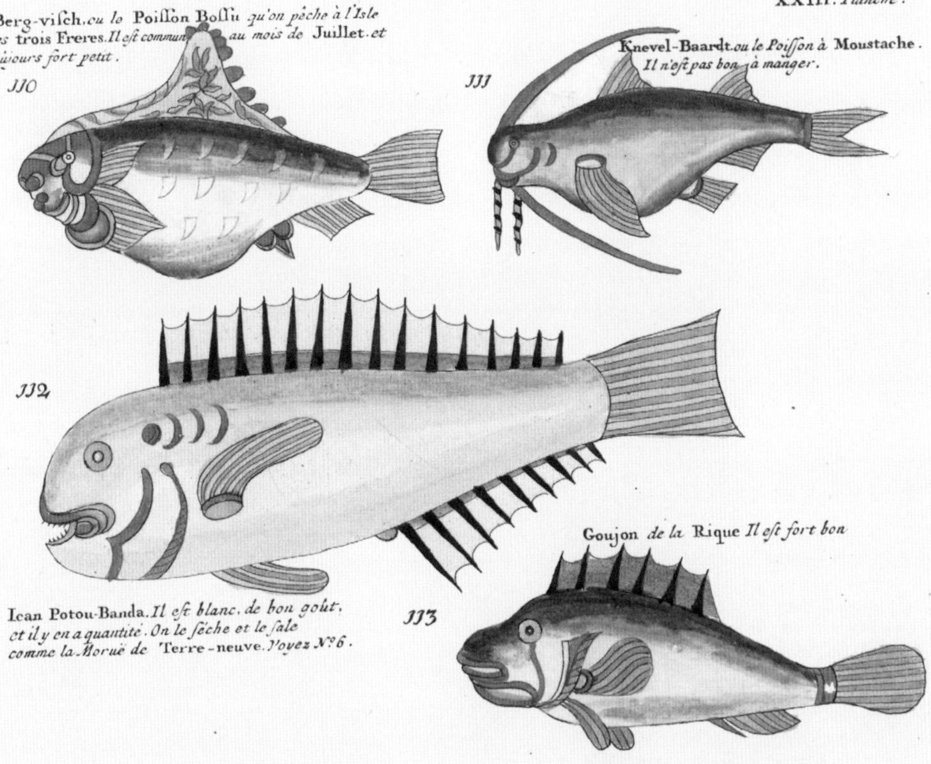

Berg-visch. *ou le* **Poisson Bossu** *qu'on pêche à l'Isle des* **trois Freres.** *Il est commun* *au mois de* **Juillet** *et toujours fort petit.*

Knevel-Baardt. *ou le Poisson à* **Moustache.** *Il n'est pas bon à manger.*

Iean Potou-Banda. *Il est blanc, de bon goût, et il y en a quantité. On le seche et le sale comme la Moruë de* Terre-neuve. *Voyez N°6.*

Goujon *de la* **Rique** *Il est fort bon*

Krabbe *de la Baye* **Portugaise.** *Elle est très-bonne. et fort grosse.*

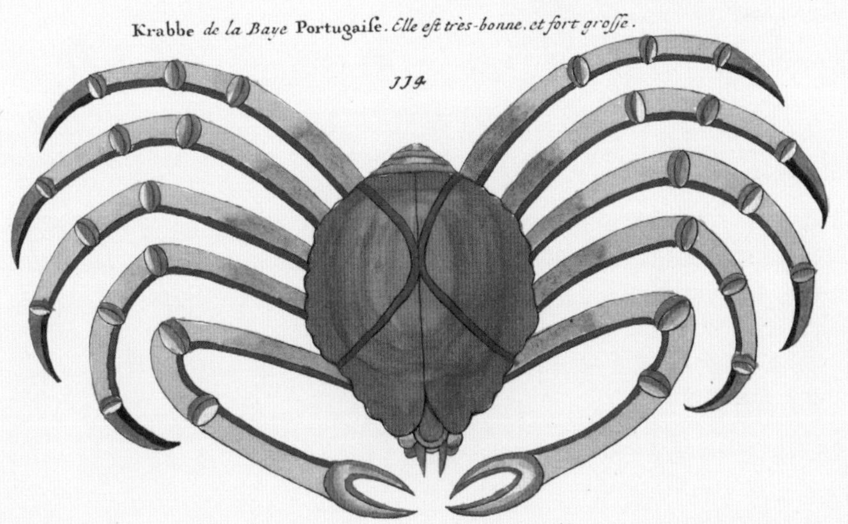

110. 粗棘鼻鱼 *Naso brachycentron*

又叫驼峰吊，来自三兄弟岛。在七月间很常见，体形都很小。

111. 海鲇科 Ariidae

又叫小胡子鱼，不好吃。

112. 五指项鳍鱼 *Iniistius pentadactylus*

通体白色，味道很好，而且数量众多。人们将它盐渍晒干，就像新大陆处理鳕鱼一样。参见*6*。

113. 隆头鱼科 Labridae

来自里克岛的小鱼，非常好吃。

114. 绒球蟹属 *Doclea*

葡萄牙湾的螃蟹。非常好吃，块头很大。

115
Tamaota. *dessiné à l'Isle des* Trois Freres.
Les Noirs *en mangent: mais il ne vaut rien.*

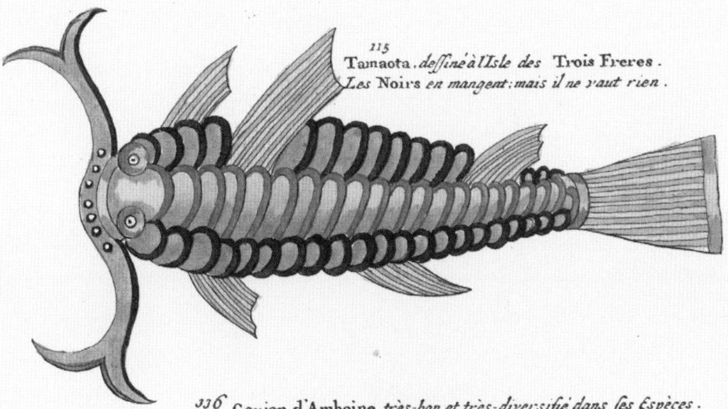

116 Goujon d'Amboine *très-bon et très-diversifié dans ses Espèces.*

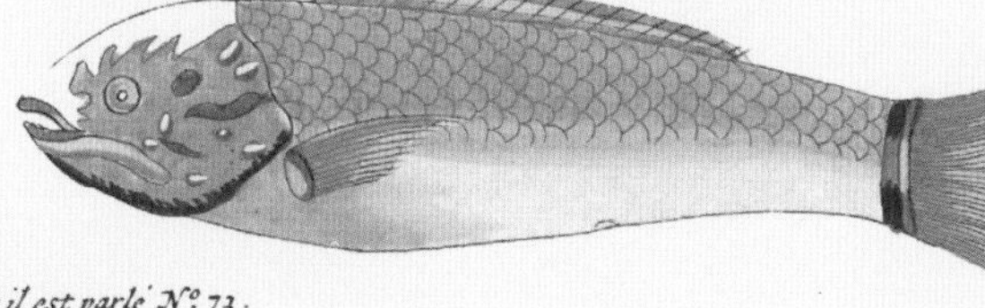

Coffer-Visch. *dont il est parlé N°. 73.*

117

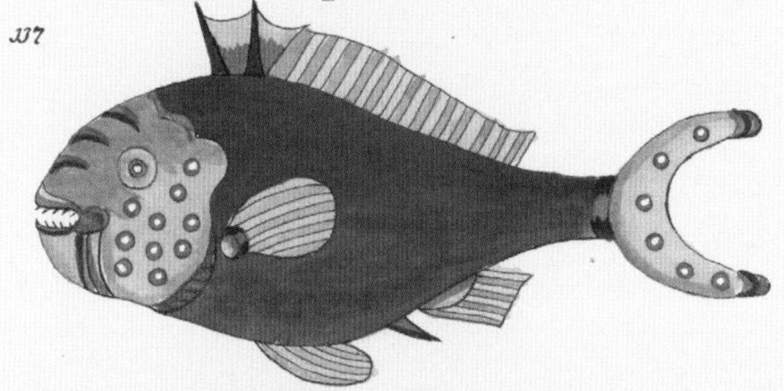

118 Lokkie-Lokkie, Ecréviſſe d'Amboine, *très-délicate et fort commune: mais ordinairement fort verte.*

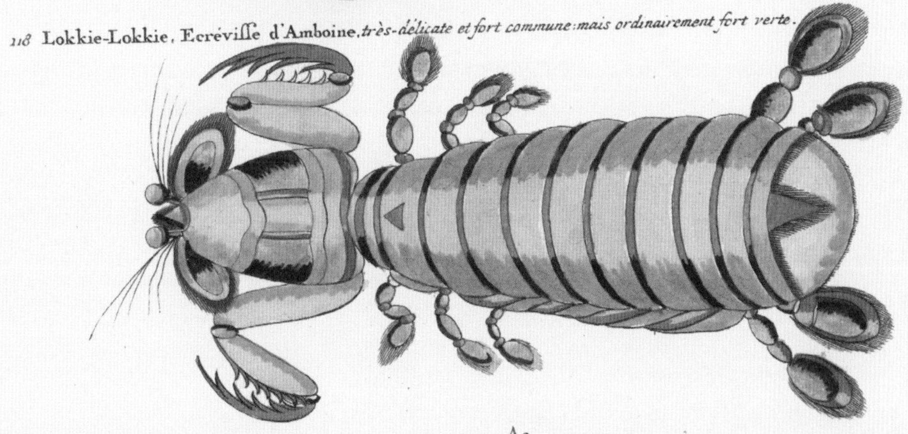

Aa

115. 黄鲂鮄属 *Peristedion*

绘制于三兄弟岛。巴布亚人食用这种鱼，但它没什么好吃的。

116. 鹦嘴鱼属 *Scarus*

来自安汶，非常好吃，鹦嘴鱼包括许多形态各异的物种。

117. 鳞鲀科 Balistidae

见 *73* 描述。

118. 史氏指虾蛄 *Gonodactylus smithii*

来自安汶，肉质细腻，也很常见，通常是绿色的。

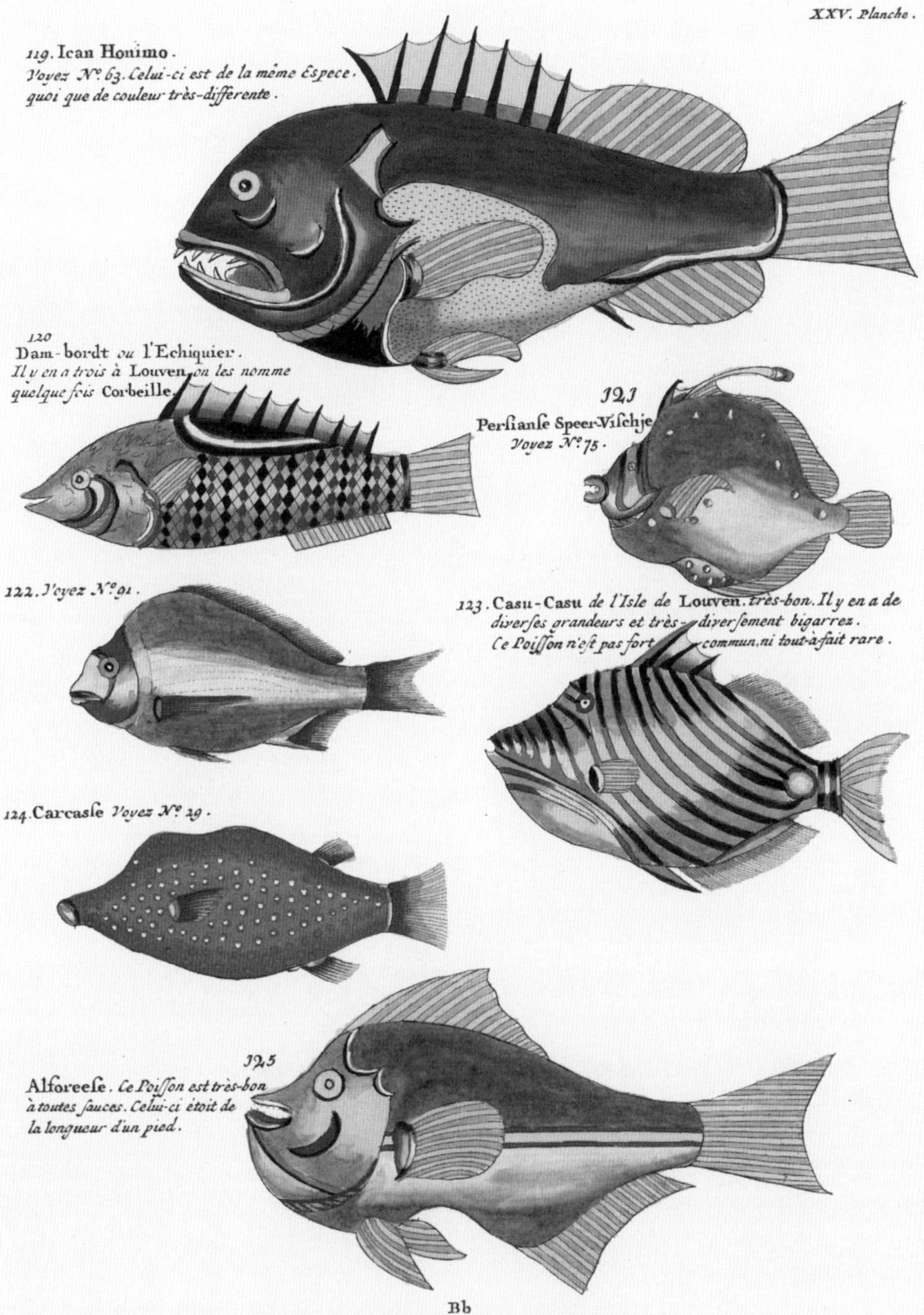
XXV. Planche.
119. Ican Honimo.
Voyez N°. 63. Celui-ci est de la même Espece. quoi que de couleur très-differente.
120 Dam-bordt ou l'Echiquier.
Il y en a trois à Louven, on les nomme quelque fois Corbeille.
121 Persianse Speer-Vischje
Voyez N°. 75.
122. Voyez N°. 91.
123. Casu-Casu de l'Isle de Louven. très-bon. Il y en a de diverses grandeurs et très-diversement bigarrez.
Ce Poisson n'est pas fort commun, ni tout-à-fait rare.
124. Carcasse Voyez N°. 29.
125 Alforeese. Ce Poisson est très-bon à toutes sauces. Celui-ci étoit de la longueur d'un pied.
Bb

119. 石斑鱼科 Epinephelidae

这条鱼与 *63* 属于同一物种，虽然颜色差别很大。

120. 格纹海猪鱼 *Halichoeres hortulanus*

又叫棋盘鱼，在卢旺岛有三种有时被称为竹篮鱼的鱼。

121. 单角马夫鱼 *Heniochus monoceros*

同 *75*。

122. 鲾科 Leiognathidae

同 *91*。

123. 波纹钩鳞鲀 *Balistapus undulatus*

来自卢旺岛，非常好吃。钩鳞鲀有各种大小，花色也千变万化。这种鱼不是很常见，但也谈不上罕见。

124. 泰勒氏扁背鲀 *Canthigaster tyleri*

参见 *29*。

125. 石斑鱼科 Epinephelidae

这种鱼配所有酱汁都非常好吃。图中这条大约有 1 法尺长。

126. Byter. ou le Mordant d'Amboine. Les Noirs en font provision, et pour les mieux garder, ils les salent et les fument dans leurs Cabanes. Il se pêche ordinairement en Avril, et en Septembre.

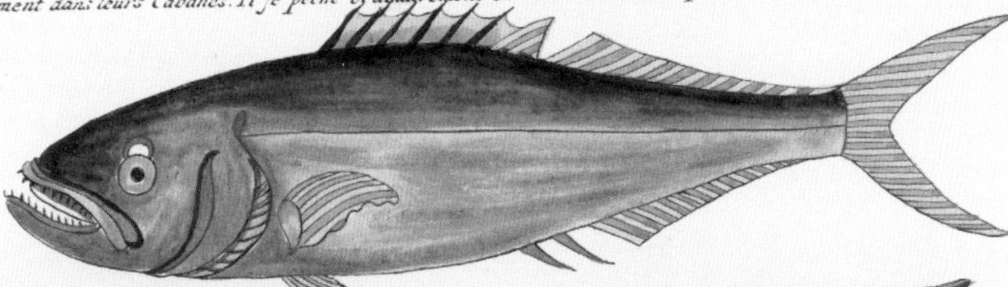

127. Ican-Popou de l'Isle des Trois Freres. Il est très-bon à manger, familier et agréable à voir dans les Etangs.

128. Bonytelaertje ou le Rameur. Il est très-bon bouilli.

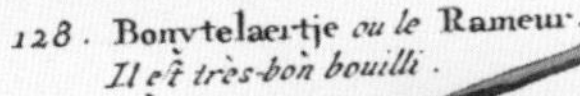

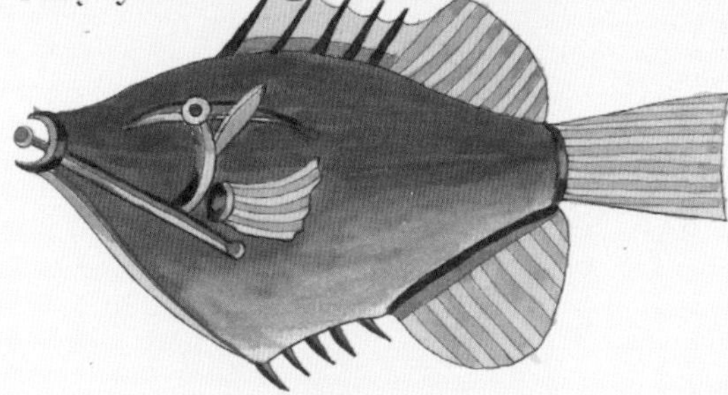

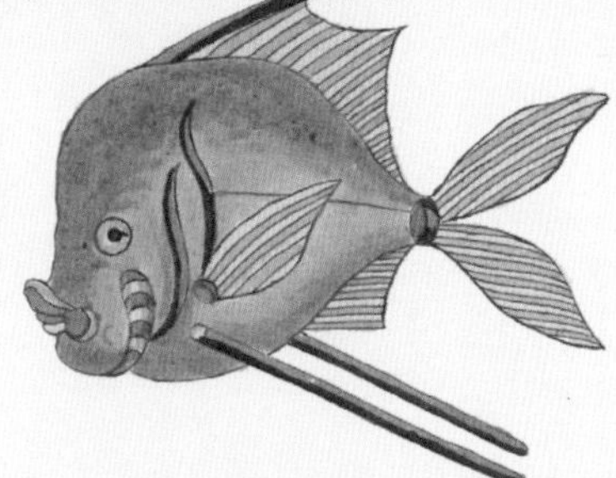

129. Ican-Matte. Il a comme dix yeux de chaque côté, et il est fort recherché des Curieux. Voyez N° 75.

130. Spinne-Kop Krabbe. ou le Cancre-Araignée d'Amboine. Il est bon et commun, mais petit.

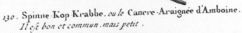

131. Bonte-hoen. ou la Poularde marquetée de la Rique. Ce Poisson est exquis en fricassée, ou roti sur le gril, mais il ne faut pas le vuider. On y fait une sausse au beurre, avec du jus de Citron, des Anchois, et de bonnes Epices.

Cc

126. 鲕属 *Seriola*

也叫咬鱼，来自安汶。巴布亚人大量储备这种鱼。为了更好地保存鱼肉，他们给鱼肉撒盐，放在自己的小屋里烟熏。鲕鱼渔汛通常在四月和九月。

127. 锉鳞鲀属 *Rhinecanthus*

来自三兄弟岛。非常好吃，对人亲切，养在水族箱里也很是令人愉快。

128. 短吻丝鲹 *Alectis ciliaris*

也叫划桨手，煮着吃非常美味。

129. 马夫鱼属 *Heniochus*

它每一边都像有十只眼睛，博物学家无不渴望获得一个标本。参见 *75*。

130. 突眼蟹科 Oregoniidae

也叫蜘蛛蟹*，来自安汶。很好吃且常见，但个头很小。

131. 孟加拉笛鲷 *Lutjanus bengalensis*

也叫斑点母鸡，来自里克岛。这种鱼用来炖或上架烤熟都是上乘佳肴，但不宜破膛。通常搭配黄油制成的酱汁，佐以柠檬汁、凤尾鱼和优质香料烹饪。

---

* 当今的分类系统也把突眼蟹归入蜘蛛蟹总科（Majoidea）。

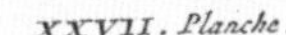

132. Cancre d'Amboine, *dont il y a une infinité, et de couleurs si différentes qu'on les nomme à cause de cela*. Cancres d'Armoiries.

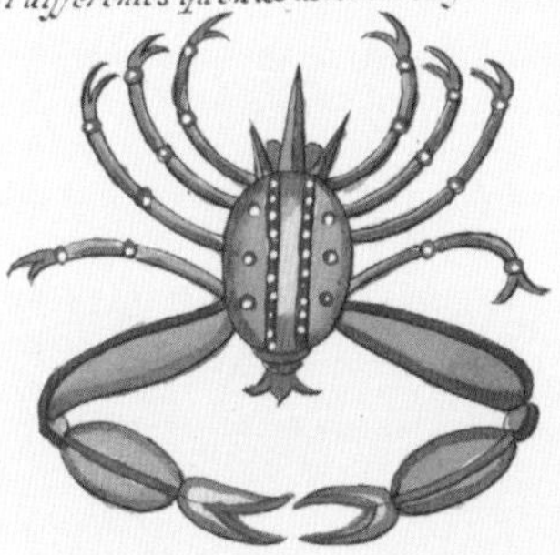

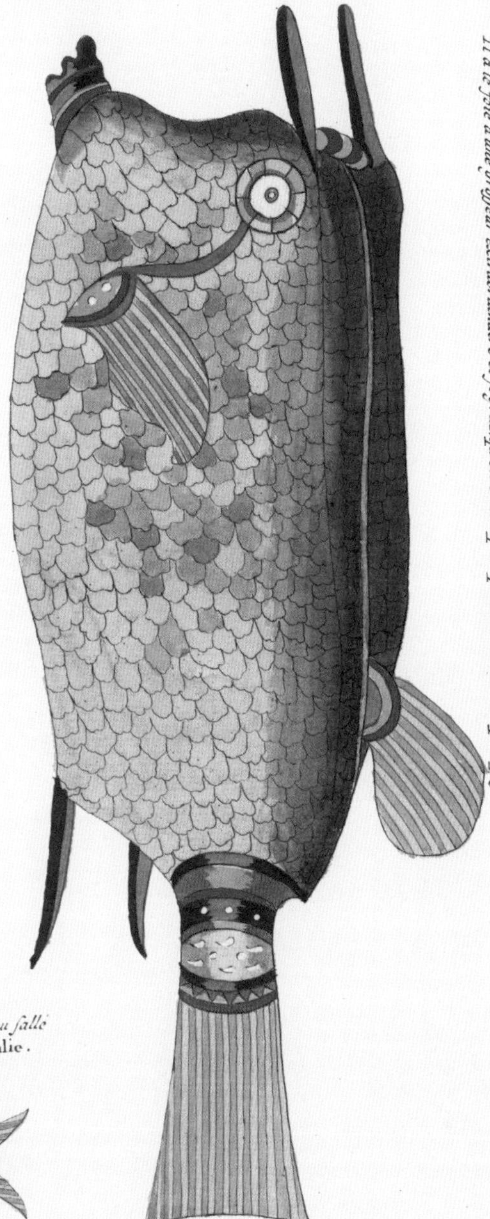

133. Boots-haacks-Visch, *ou le* Crochet, *mauvais et dangereux Poisson de l'Isle des* Trois Freres.

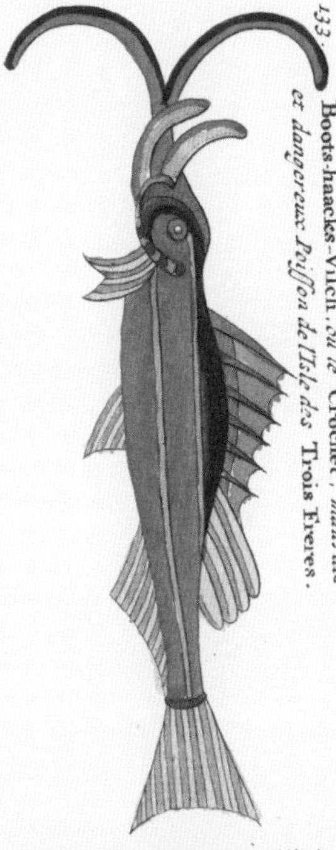

134. Benissje. *Petit Poisson: mais délicieux frais, ou sallé et aprêté comme on fait des Anchois en* Italie.

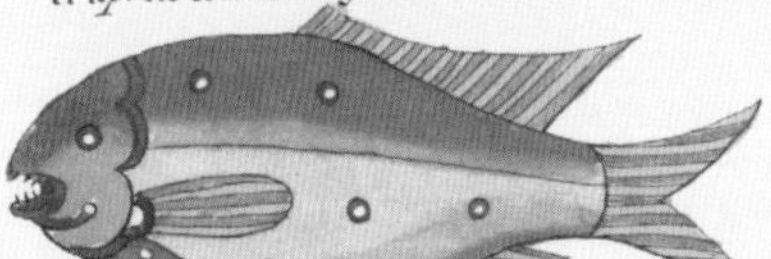

135. Tomtombo, *Poisson à écaille, différent de l'Espèce marquée N°. 24. mais du même ordre. Il a le foie d'une grosseur extraordinaire et si gras, qu'on en tire presque autant d'huile qu'il pese.*

Dd

132. 尖头蟹科 Inachidae

来自安汶，数量众多，颜色变化无穷，因此也被称为“纹章”。

133. 黄鲂鮄属 *Peristedion*

又叫靴钩鱼，来自三兄弟岛，不好吃还很危险。

134. 珠点棘雀鲷 *Plectroglyphidodon lacrymatus*

体形小，趁新鲜享用味道极佳，或者像意大利人处理凤尾鱼那样用盐腌制也不错。

135. 角箱鲀属 *Lactoria*

一种有鳞的鱼*，与 *24* 不是同一个物种，但属于同一科。它的肝脏特别大且脂肪含量极高，从肝脏提取的油量几乎相当于它的体重。

---

* 有鳞鱼和无鳞鱼是根据日常生活的感性认识划分的类别，并非分类学所界定的类群。

136. Kleen Oost-Indis-vaar, *Sorte de* Poupou, *pris à la Baye* Portugaise, *Voyez N°. 123.*

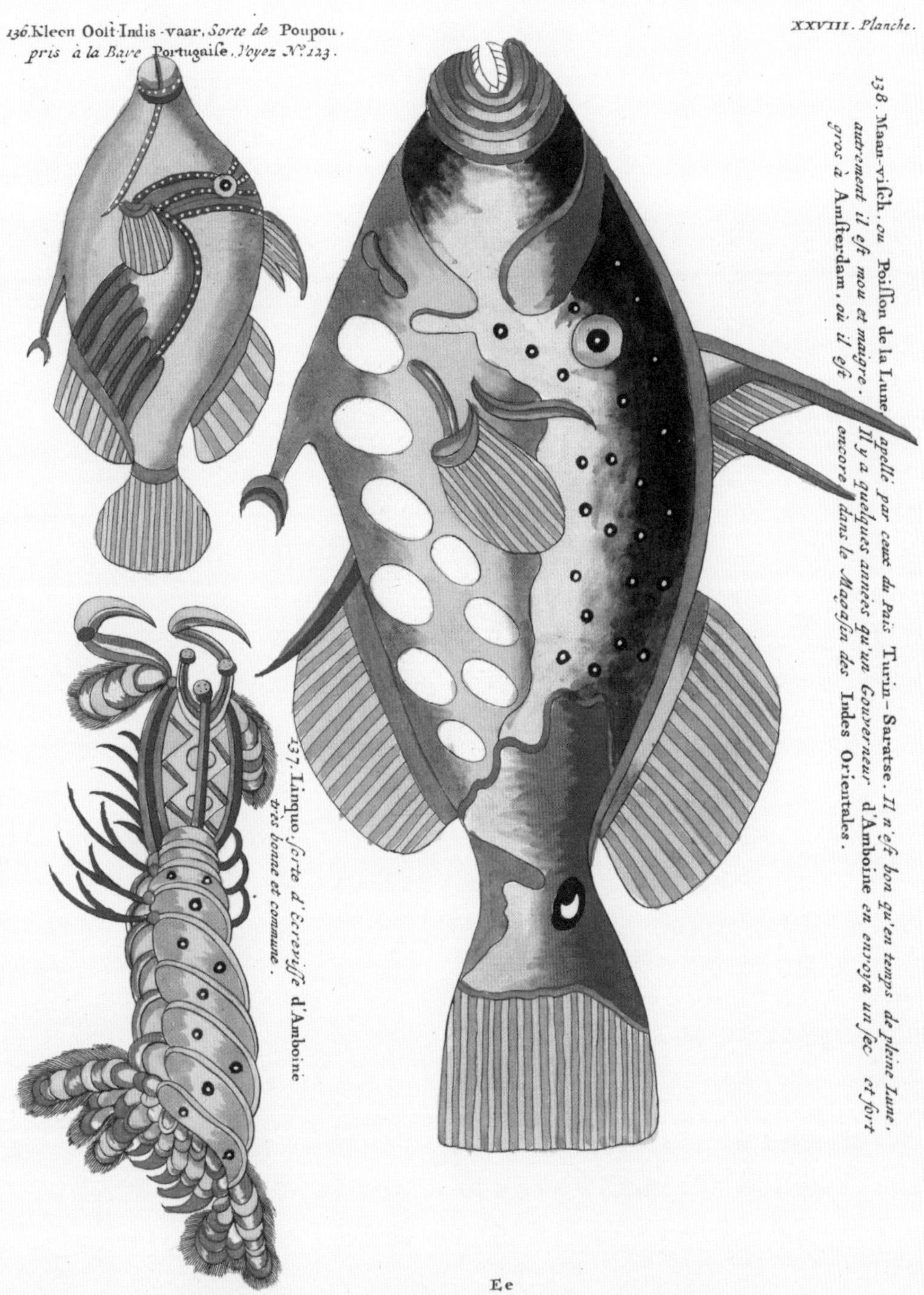

137. Linquo, *sorte d'écrevisse* d'Amboine *très bonne et commune.*

138. Maan-visch, *ou* Poisson de la Lune, *apellé par ceux du Pais* Turin-Saratse. *Il n'est bon qu'en temps de pleine Lune, autrement il est mou et maigre. Il y a quelques années qu'un Gouverneur* d'Amboine *en envoya un sec et fort gros à* Amsterdam, *où il est encore dans le Magasin des* Indes Orientales.

Ee

136. 叉斑锉鳞鲀 *Rhinecanthus aculeatus*

一种鳞鲀，来自葡萄牙湾。参见 *123*。

137. 蝉形齿指虾蛄 *Odontodactylus scyllarus*

非常美丽的虾蛄，来自安汶，很常见。

138. 花斑拟鳞鲀 *Balistoides conspicillum*

当地人也叫它月亮鱼。只有满月期间抓到的才质量上乘，否则都是些干瘪瘦弱的个体。几年前，一位安汶总督将一个瓶装的剥制标本送到了阿姆斯特丹，它非常大，至今还放在一家东印度商店。

Vintage Art Gallery 复古艺术馆

美的视界，美的回响

纹饰海——解语世界文化的印记

1.
万物有文
新艺术植物装饰
[法] 莫里斯·皮亚尔-韦纳伊 著
沈逸舟 译

2.
自然而美
新艺术装饰设计图录
[法] 莫里斯·皮亚尔-韦纳伊 著
沈逸舟 译

3.
新美术海
日本明治时代纹样艺术

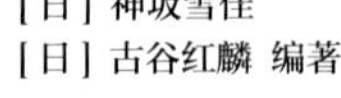
[日] 神坂雪佳
[日] 古谷红麟 编著

4.
日光掠影
浮世绘纹样图集
[日] 楠濑日年 著

5.
文明的盛装
世界装饰艺术赏鉴
[德] 海因里希·多尔梅奇 编著
陈雷 译

11.
巴黎月色下
20 世纪复古时尚手册
[法] 乔治·巴比尔等 绘
王喆 撰文

12.
认识中世纪手抄本
[德] 安雅·格雷贝 著
张雯婧 译

绘见自然——汇聚艺术与万物之美

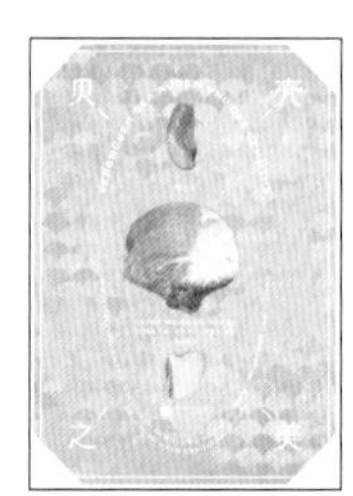

6.
贝壳之美
[德] 格奥尔格·沃尔夫冈·克诺尔 编著
张小鹿 译

7.
群鸟嘤嘤
法国皇家植物园鸟类图鉴
[法] 布封 编
[法] 弗朗索瓦-尼古拉·马蒂内 绘
林濑 译

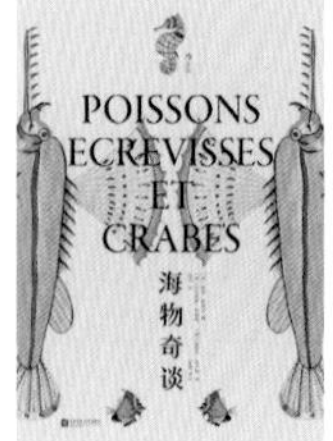

8.
海物奇谈
[荷] 路易·勒纳尔 编
[荷] 巴尔塔萨·科耶特 [荷] 塞缪尔·法卢斯 绘 徐迅 译

9.
溪花汀草
文俶绘草木虫鱼图
文俶 绘

10.
自然的艺术形态
[德] 恩斯特·海克尔 著 王梅 译

后浪

海报素材出自“复古艺术馆”，系列图书陆续出版中。

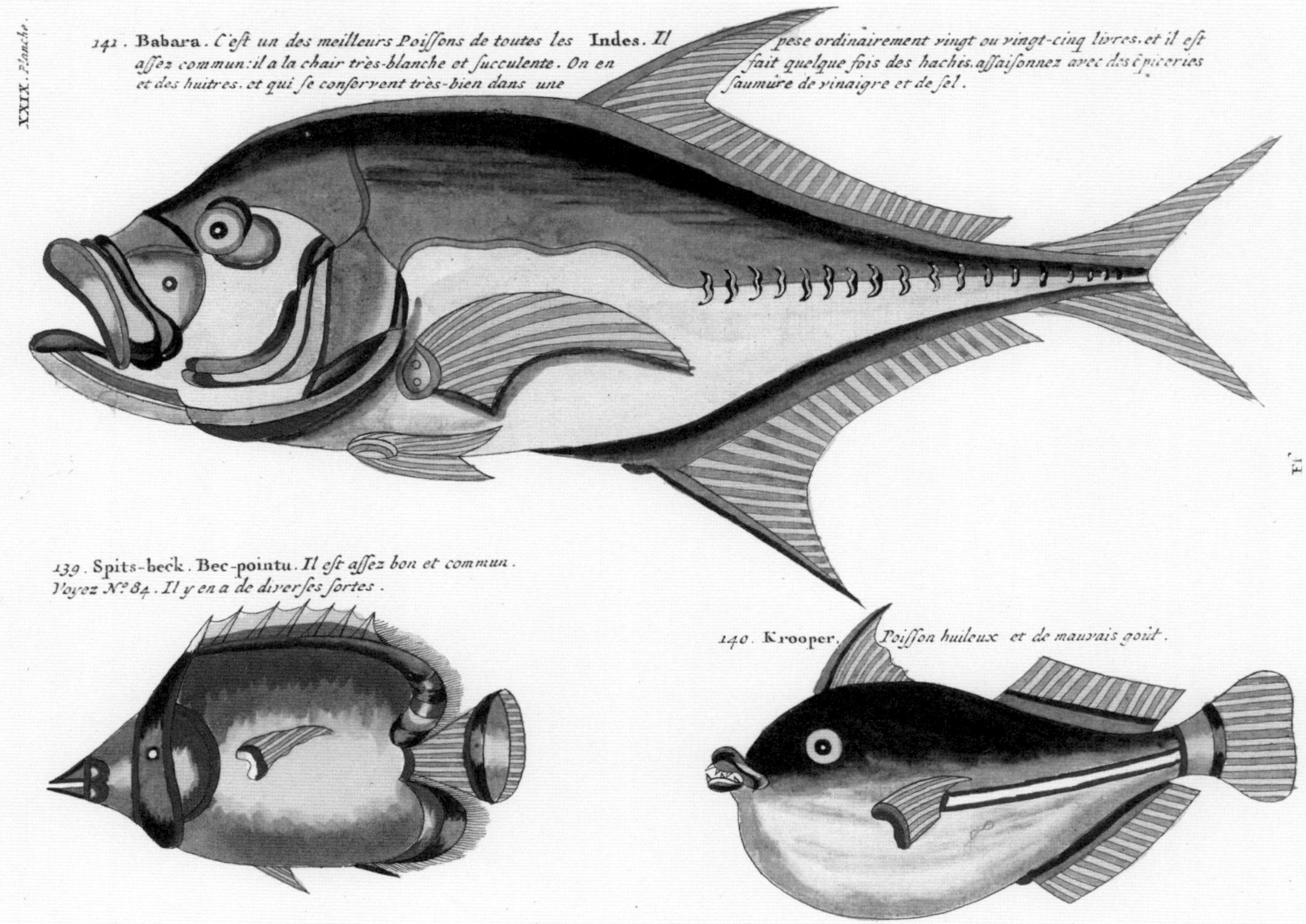
XXIX. Planche.
141. Babara. C'eſt un des meilleurs Poiſſons de toutes les Indes. Il pese ordinairement vingt ou vingt-cinq livres, et il eſt aſſez commun: il a la chair très-blanche et ſucculente. On en fait quelque fois des hachis, aſſaiſonnez avec des épiceries et des huitres, et qui ſe conſervent très-bien dans une ſaumûre de vinaigre et de ſel.
139. Spits-beck. Bec-pointu. Il eſt aſſez bon et commun. Voyez N.º 84. Il y en a de diverſes ſortes.
140. Krooper. Poiſſon huileux et de mauvais goût.

139. 钻嘴鱼属 *Chelmon*

相当好看也很常见，有许多不同物种。参见 *84*。

140. 黑带黄鳞鲀 *Xanthichthys caeruleolineatus*

油腻，味道糟糕。

141. 六带鲹 *Caranx sexfasciatus*

整个东印度最棒的鱼之一，通常重达 20 ~ 25 斤，相当常见。肉质相当白嫩多汁。人们有时用它做肉糜，搭配香料和牡蛎调味，保存在醋和盐调配的卤水中。

XXX. Planche.

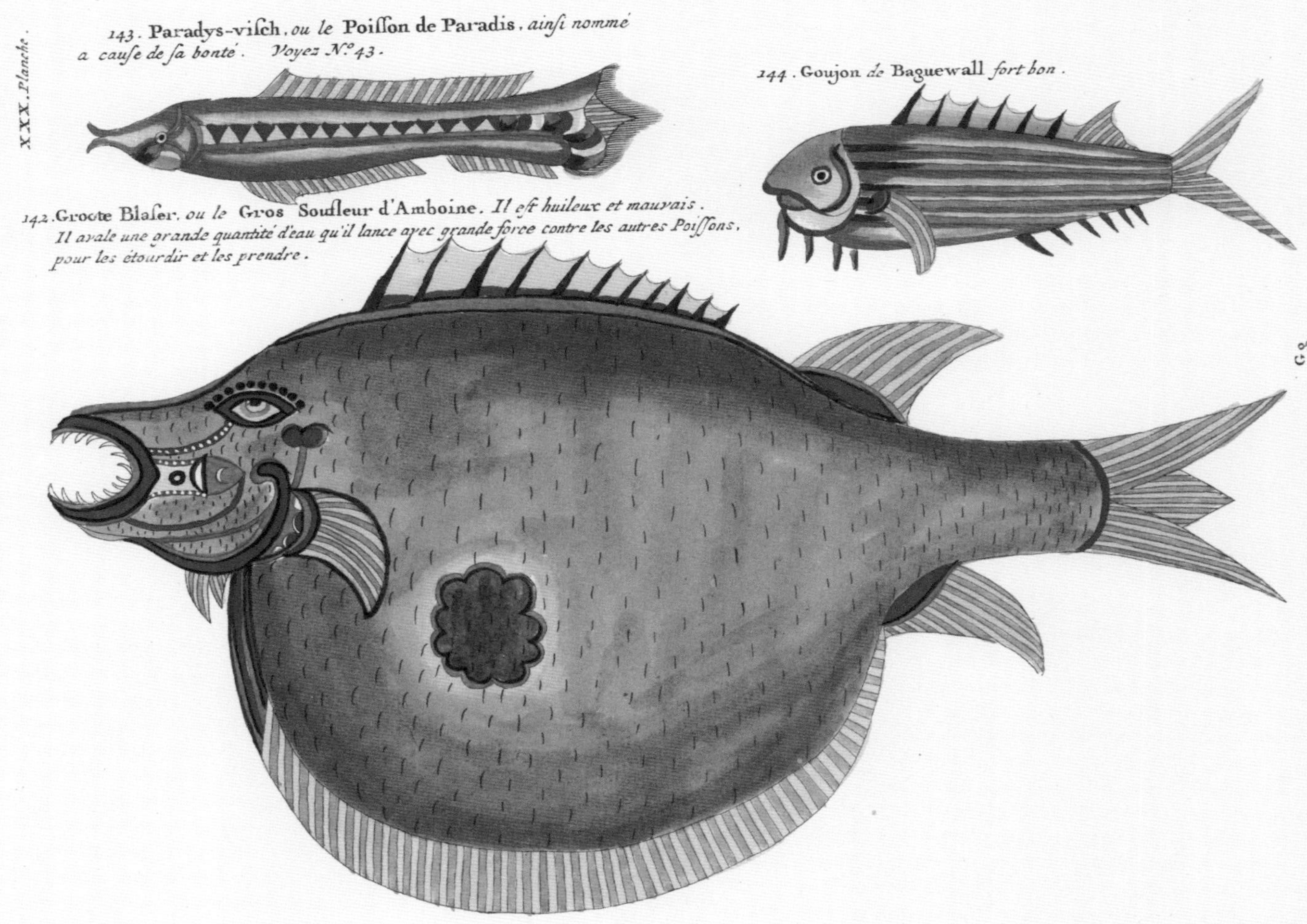
143. Paradys-visch, ou le Poisson de Paradis, ainsi nommé
a cause de sa bonté. Voyez N°43.
144. Goujon de Baguewall fort bon.
142. Groote Blaser, ou le Gros Soufleur d'Amboine. Il est huileux et mauvais.
Il avale une grande quantité d'eau qu'il lance avec grande force contre les autres Poissons,
pour les étourdir et les prendre.
GS

142. 眼镜鱼 *Mene maculata*

也叫大风筒，来自安汶，又腻又难吃。这种鱼会大口吞水，再以巨大的力量把水射向其他鱼类，击晕它们。眼镜鱼就是这样捕获猎物的。*

143. 长吻棘鳅 *Macrognathus aculeatus*

天堂鱼，因肉质极佳而得名，参见*43*。

144. 纵条副绯鲤 *Parupeneus ciliatus*

来自巴格瓦，非常美味。

---

* 眼镜鱼并不能射水，原文描述的行为属于射水鱼科的物种。

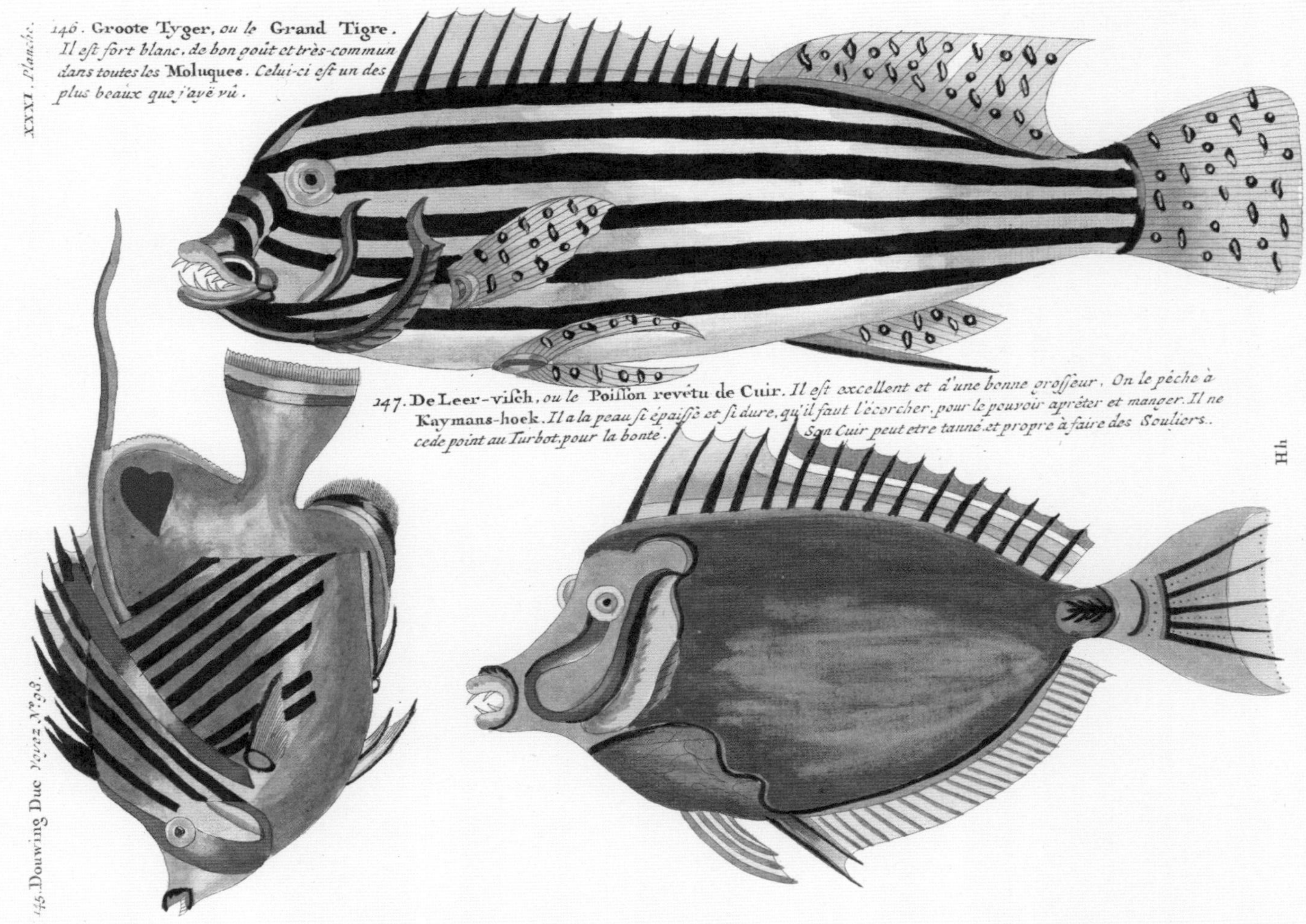
XXXI. Planche.
146. Groote Tyger, ou le Grand Tigre. Il est fort blanc, de bon goût et très-commun dans toutes les Moluques. Celui-ci est un des plus beaux que j'ayë vû.
147. De Leer-visch, ou le Poisson revêtu de Cuir. Il est excellent et d'une bonne grosseur. On le pêche à Kaymans-hoek. Il a la peau si épaisse et si dure, qu'il faut l'écorcher, pour le pouvoir aprêter et manger. Il ne cede point au Turbot, pour la bonté. Son Cuir peut etre tanné, et propre à faire des Souliers.
145. Douwing Duc Voyez N°. 93.
Hh

145. 丝蝴蝶鱼 *Chaetodon auriga*

又叫公爵，参见*98*。

146. 条斑胡椒鲷 *Plectorhinchus vittatus*

也叫大老虎。肉质极白，味道也好，在摩鹿加群岛各个岛屿都很常见。这一条是我见过最漂亮的。

147. 颊吻鼻鱼 *Naso lituratus*

也叫包革鱼，指它仿佛全身覆盖皮革。味道很好，肥瘦适中，捕获于人鱼角。它的皮又厚又硬，必须剥掉才能烹饪食用，肉质和味道不输于大菱鲆。皮可鞣制，适合做鞋。

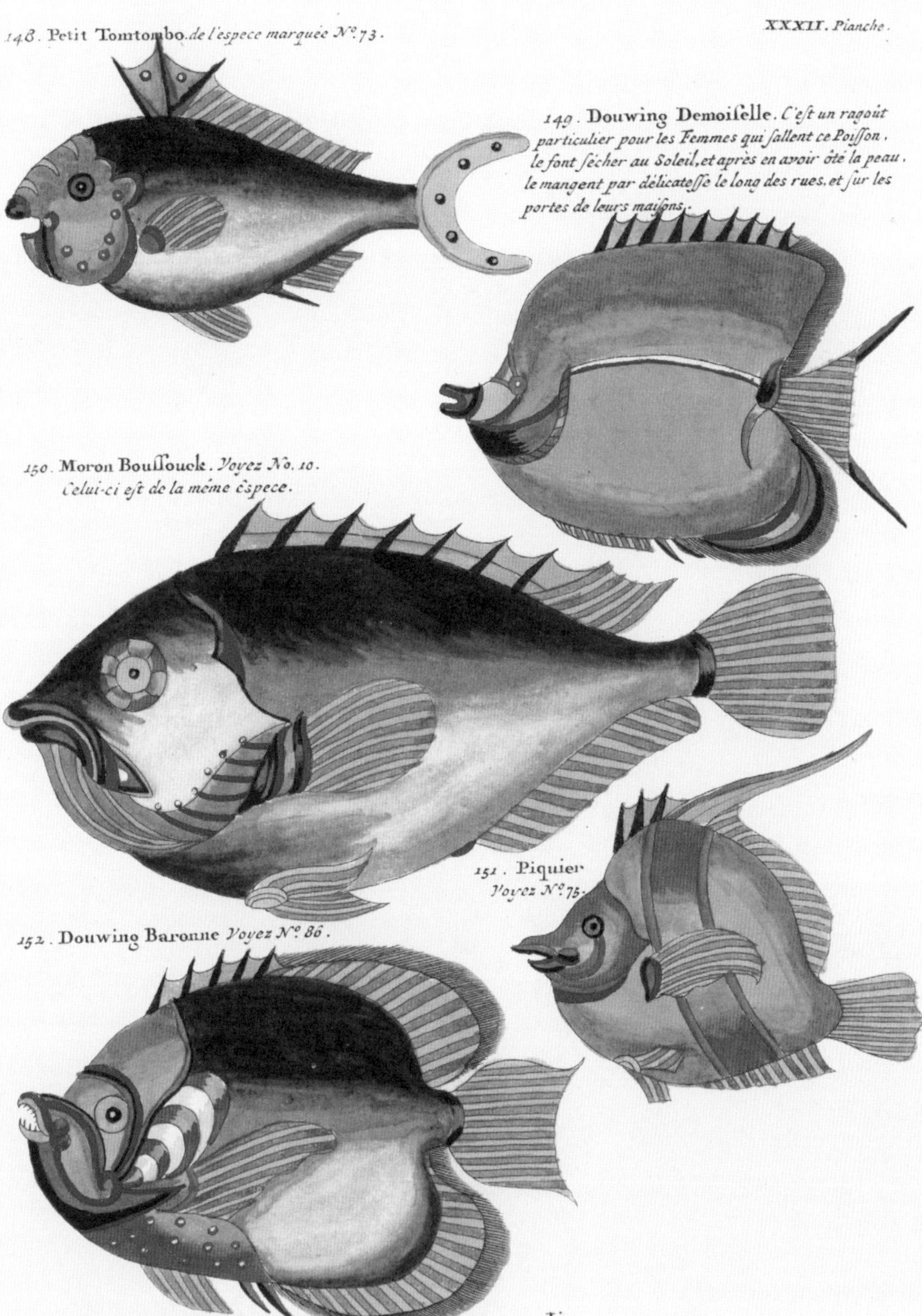
148. Petit Tomtombo. de l'espece marquée N°. 73.
XXXII. Planche.
149. Douwing Demoiſelle. C'eſt un ragoût particulier pour les Femmes qui ſallent ce Poiſſon, le font ſécher au Soleil, et après en avoir ôté la peau, le mangent par délicateſſe le long des rues. et ſur les portes de leurs maiſons.
150. Moron Bouſſouck. Voyez No. 10. Celui-ci eſt de la même eſpece.
151. Piquier Voyez N°. 75.
152. Douwing Baronne Voyez N°. 86.
Ti

148. 鳞鲀科 Balistidae

与 *73* 是同一物种。

149. 蝴蝶鱼属 *Chaetodon*

专供妇女食用的小吃。她们将它用盐腌制，在太阳下晒干，去掉鱼皮。当地妇女在街上走着或站在门口的时候，嘴里就吃着它。

150. 石斑鱼科 Epinephelidae

与 *10* 属于同一物种。

151. 单角马夫鱼 *Heniochus monoceros*

参见 *75*。

152. 黄颅刺盖鱼 *Pomacanthus xanthometopon*

参见 *86*。

153. Iean Radi *ou* le Filet *du Passage de* Baguewal. *Il est bon mais il faut l'écorcher, parce que la peau en est très-dure. Il y a diverses sortes de ces* Ieans Radi *qui ont comme un filet brodé sur la peau.*

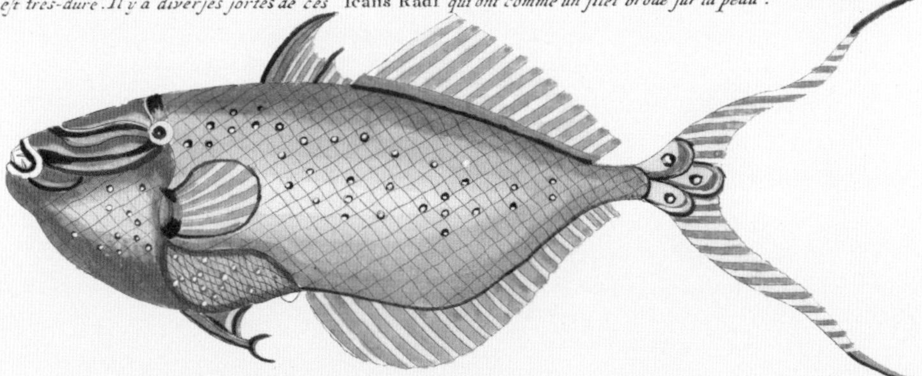

154. Parkiet *ou* Poisson Perroquet d'Aroeke. *Nommé aussi* Loup, *parce qu'il est extremement vorace. Ce Poisson est commun, bon à manger, et il s'en trouve plusieurs qui sont d'une beauté incroyable. Voyez N.° 9. 59 et 160.*

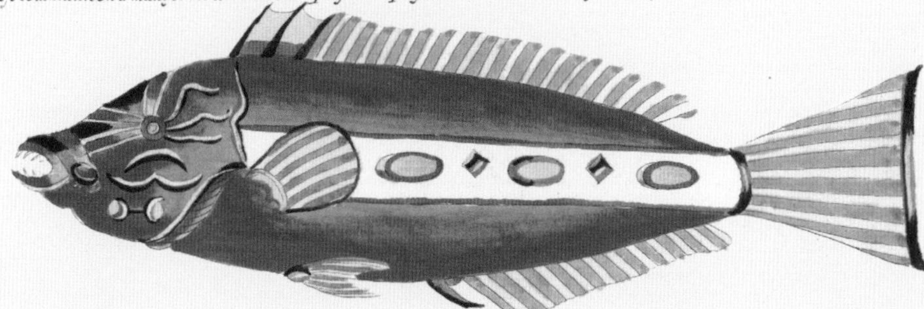

155. Sauterelle - male d'Amboine *longue de treize pouces, et qui a des dents capables de couper les doigts à ceux qui les touchent. Il y en a une infinité. Elles marchent par troupes, nagent sur les rivieres, devorent les fruits, gatent les plantes et desolent souvent toute la Campagne. Voyez la femelle N.° 166.*

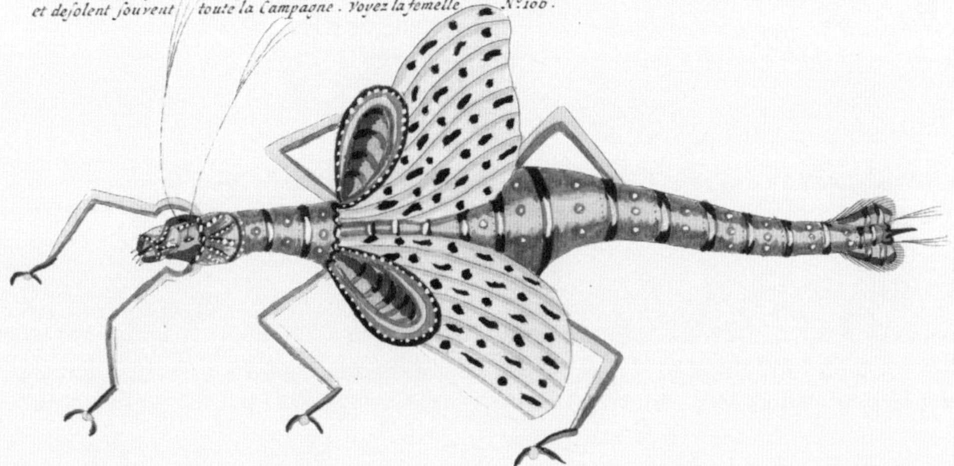

Kk.

153. 红牙鳞鲀 *Odonus niger*

也叫网纹鱼，来自巴格瓦。很好吃，但必须剥皮，因为它的皮非常坚硬。牙鳞鲀有各种变异，这类鱼皮肤的花纹仿佛绣上去的网。

154. 双斑唇鱼 *Oxycheilinus bimaculatus*

某种鹦鹉鱼，来自阿罗克。也叫狼鱼，因为它生性贪婪。这类鱼很常见也很好吃，有几个物种漂亮得令人难以置信，参见 *9*、*59* 和 *160*。*

155. 蝗虫，雄性

来自安汶，13 法寸长†，牙齿足以切断胆敢触碰它的手指。这些蝗虫聚集成群，数目无穷无尽。它们在河里游动，吞噬水果，破坏植物，有时甚至使整个国家成为荒土。雌性个体见 *166*。

---

* 卷二 9、59、154 和 160 对应的猪齿鱼属、尖唇鱼属和盔鱼属均隶属于隆头鱼科。——编者注

† 原文如此。暂未发现蝗虫体长能达到 13 法寸（约 33 厘米）的记录，或许是作者的夸张。

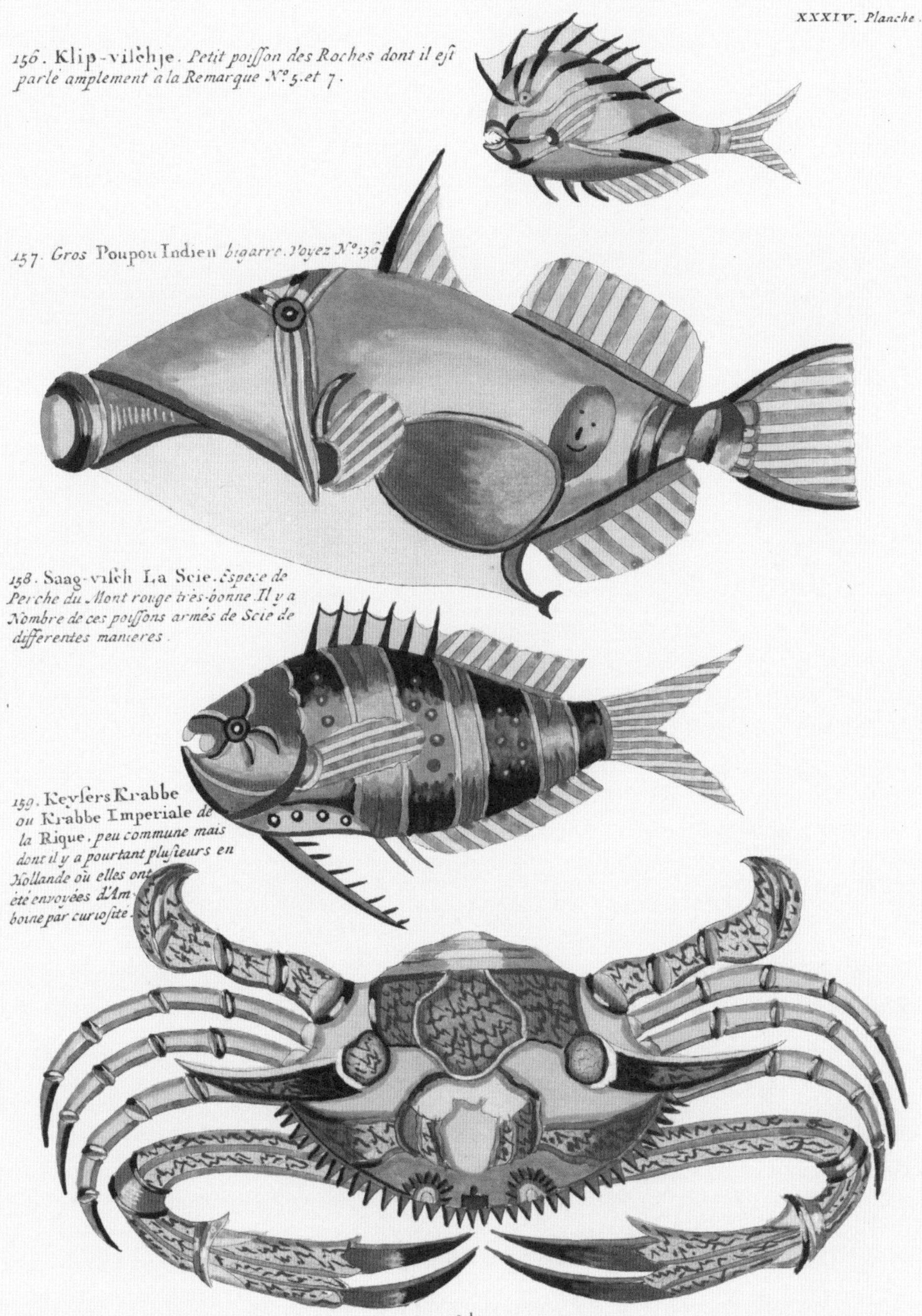
XXXIV. Planche.
156. Klip-visschje. Petit poisson des Roches dont il est parlé amplement à la Remarque N°. 5. et 7.
157. Gros Poupou Indien bigarré. Voyez N°. 136.
158. Saag-visch La Scie. Espece de Perche du Mont rouge très-bonne. Il y a Nombre de ces poissons armés de Scie de differentes manieres.
159. Keysers Krabbe ou Krabbe Imperiale de la Rique, peu commune mais dont il y a pourtant plusieurs en Hollande où elles ont été envoyées d'Amboine par curiosité.
Ll.

156. 纵带刺尾鱼 *Acanthurus lineatus*

小型岩石鱼，详见 *5* 和 *7* 说明。

157. 毒铗鳞鲀 *Rhinecanthus verrucosus*

东印度的大型鳞鲀，有花纹。

158. 双锯鱼属 *Amphiprion*

来自蒙鲁热，非常好看。它有许多同类，分别长着不同类型的锯状器官。*

159. 远海梭子蟹 *Portunus pelagicus*

又叫国王蟹†，来自里克岛。不是很常见。荷兰存有一些标本，是博物学家从安汶送来的。

---

* 隆头鱼科双锯鱼属即俗称的小丑鱼，双锯鱼属名包括希腊语词根“锯”，但并没有类似锯子状的器官。

† “国王蟹”是原书成书年代人们对 159 的称呼。今天国内市场常说的“帝王蟹”是石蟹科拟石蟹属的堪察加拟石蟹。

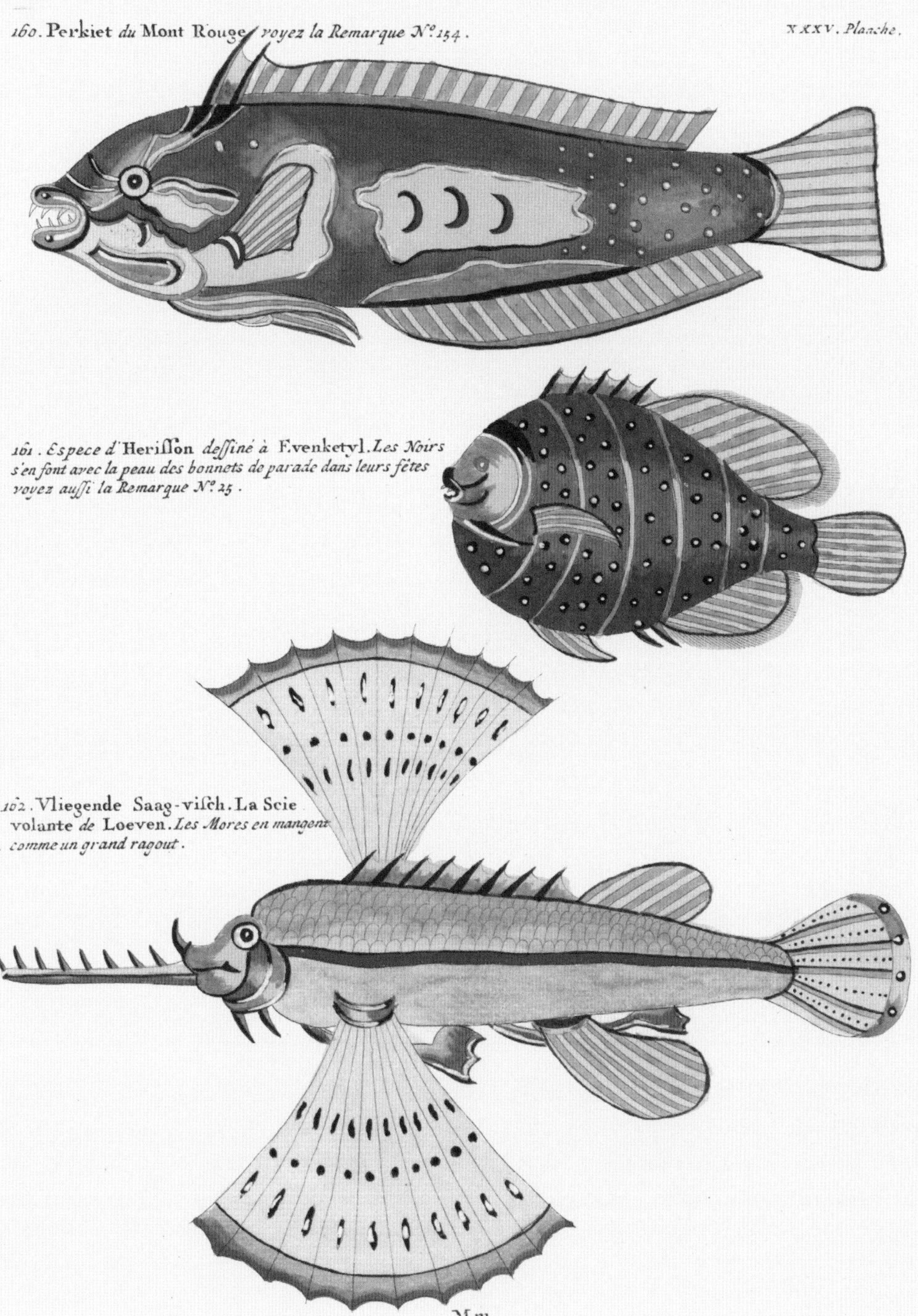
160. Perkiet du Mont Rouge voyez la Remarque N°. 154.
XXXV. Plaache.
161. Espece d'Herisson dessiné à Evenketyl. Les Noirs s'en font avec la peau des bonnets de parade dans leurs fêtes voyez aussi la Remarque N°. 25.
162. Vliegende Saag-visch. La Scie volante de Loeven. Les Mores en mangent comme un grand ragout.
Mm.

160. 露珠盔鱼 *Coris gaimard*

来自蒙鲁热，见 *154* 说明。

161. 密斑刺鲀 *Diodon hystrix*

绘制于厄旺克迪。巴布亚人用它的皮制成软帽，参加节日游行。详见 *25* 说明。

162. 宽海蛾鱼 *Eurypegasus draconis*

又叫飞锯鱼，来自卢旺岛。摩尔人用它做大杂烩。

XXXVIe Planche.

163. Beer-Viſch. L'Ours de Honimo. *Il eſt puant et huileux. Cependant les Noirs en mangent beaucoup de Salez et fumez pour leur proviſion.*
164. Perche de Hila. *C'eſt un très-bon poiſſon.*
165. Poiſſon des Roches. *Voyez la Remarque N.º 5. et N.º 94.*
Nn.

163. 黑带锉鳞鲀 *Rhinecanthus rectangulus*

又叫熊鱼，来自奥尼莫。它有臭味，还很油腻，但巴布亚人经常吃这种鱼。他们会把它盐渍、烟熏，然后储存起来。

164. 黑点棘鳞鱼 *Sargocentron melanospilos*

来自希拉岛，非常美味的鱼。

165. 单棘鲀科 Monacanthidae

岩石鱼，参见 *5* 和 *94*。

166. Sauterelle d'Amboine. Voyez la Remarque N°. 155.

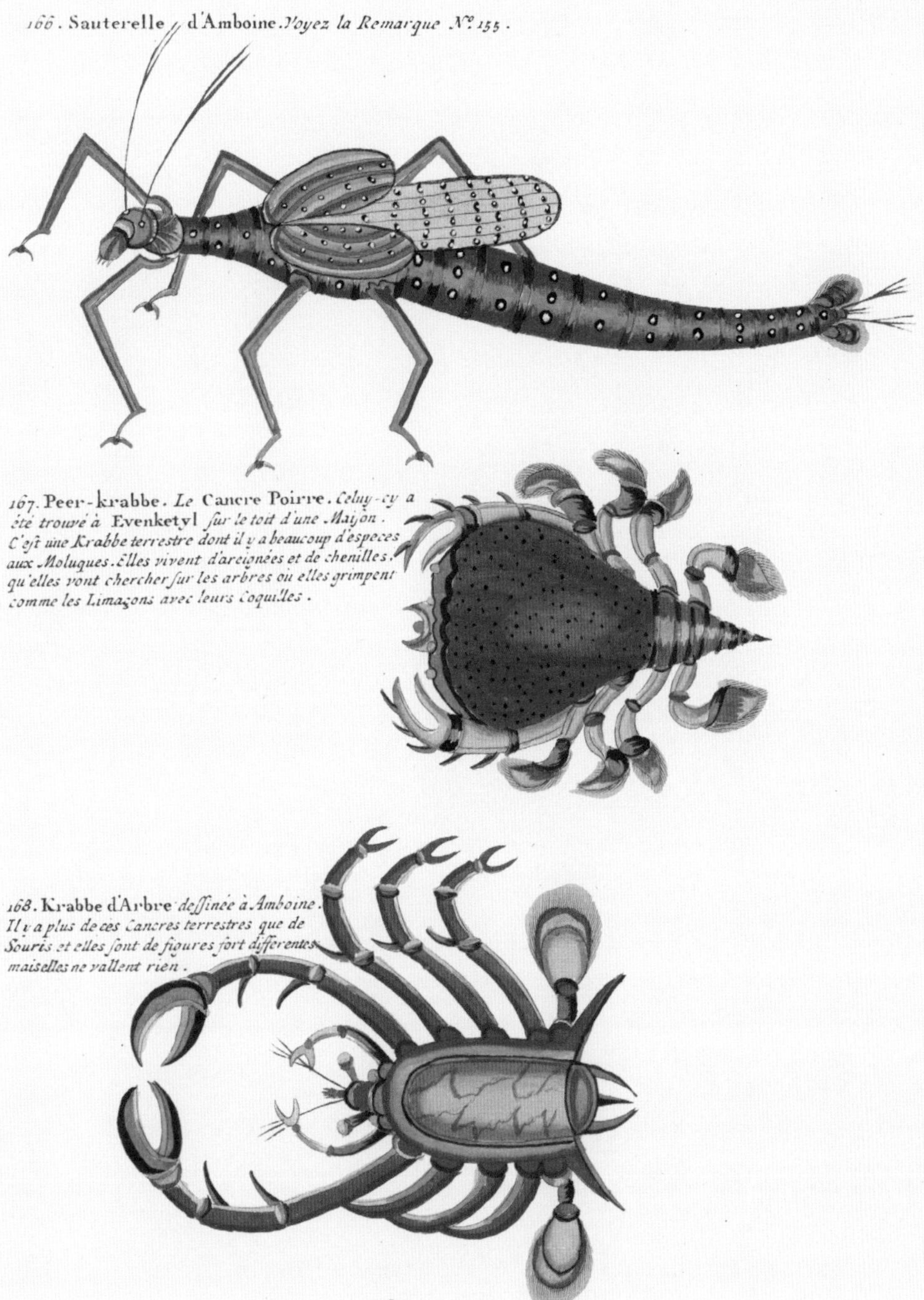

167. Peer-krabbe. Le Cancre Poirre. Celuy-cy a été trouvé à Evenketyl sur le toit d'une Maison. C'est une Krabbe terrestre dont il y a beaucoup d'especes aux Moluques. Elles vivent d'areignées et de chenilles, qu'elles vont chercher sur les arbres où elles grimpent comme les Limaçons avec leurs Coquilles.

168. Krabbe d'Arbre dessinée à Amboine. Il y a plus de ces Cancres terrestres que de Souris et elles sont de figures fort differentes mais elles ne vallent rien.

Oo.

166. 蝗虫，雌性

来自安汶，参见*155*。

167. 旭蟹 *Ranina ranina*

又叫梨子蟹。图中这只是在厄旺克迪一栋房子的屋顶发现的。这是一种陆生蟹，在摩鹿加群岛有许多同类。它们会爬到树上，寻找蜘蛛和毛毛虫作为食物，像蜗牛一样带着壳爬来爬去。*

168. 梭子蟹科 Portunidae

某种攀树蟹†，绘制于安汶。这些陆生蟹比老鼠还多，形状也变化多样，但没有任何利用价值。

---

* 蛙蟹科生活在水深数十米的海底，通常埋在砂砾中。能在树上攀爬的蟹类确实存在，称为攀树蟹，但形态与图 167、168 差异较大。带着壳在陆地上生存的是陆生寄居蟹，与这两幅图差异也很大。

† 图中生物第四对步足特化为游泳足，是水生蟹类尤其是梭子蟹科的特征。

169. **De Chietse-visch** *ou* **La Toille peinte** *de l'Isle des Trois-freres ainsi nommé a cause de ses rayes et couleurs qui sont d'une beauté inimitable. Ce Poisson est bon mais peu commun. On en fait des presents à Batavia et ailleurs, en les y envoyant dans des vases de Porcelaine. quoy qu'ils resistent difficilement à la longueur du voyage.*

170. **Caantie.** *Poisson particulier de l'isle de* **Manipe**. *On le fait secher, puis on le met rottir sur un gril dans du papier graissé de beure, et il a le gout aprochant de celui des Cotelettes de Mouton.*

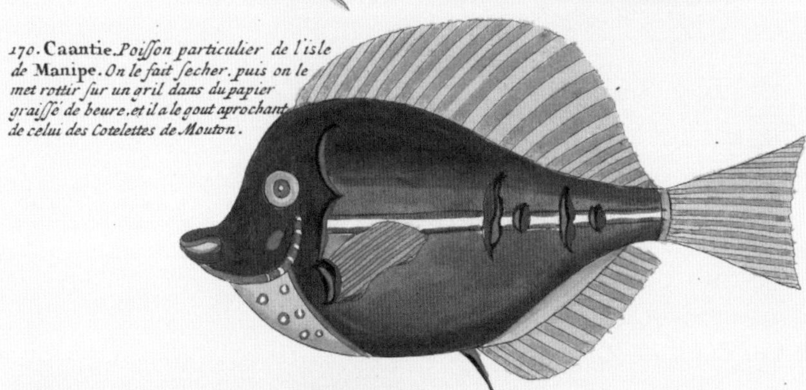

171. **Kikvorst.** *La* **Grenouille** *de* **Manipe** *fort venimeuse, et peu commune.*

Pp.

169. 双棘甲尻鱼 *Pygoplites diacanthus*

来自三兄弟岛。也有人把双棘甲尻鱼叫作“亚麻织画”，因为它的条纹和颜色美得无与伦比。这种极其美丽的鱼不太常见。有人把它制成标本，装进瓷瓶，送去巴达维亚等地展览，但标本很难经受住漫长的旅程。

170. 小鳞多板盾尾鱼 *Prionurus microlepidotus*

只存在于马尼帕岛的鱼类。* 晒干之后包上涂有黄油的纸，在烤架上烤熟，味道类似羊排。

171. 躄鱼科 Antennariidae

又叫蛙鱼，来自马尼帕岛。有剧毒，不常见。

---

* 分布于热带海域，温带海域也有记录。

172. **Krabbe Marinne d'Amboine.** *Il y en a de tant d'especes et de couleurs ſi differentes qu'on pourroit en deſſiaer deux mille ſans craindre qu'une ſoit ſemblable à l'autre. On apelle celle-cy* **Blom-Krabbe** *Il y en a de pluſieurs couleurs dans les Cabinets des Curieux en Hollande.*

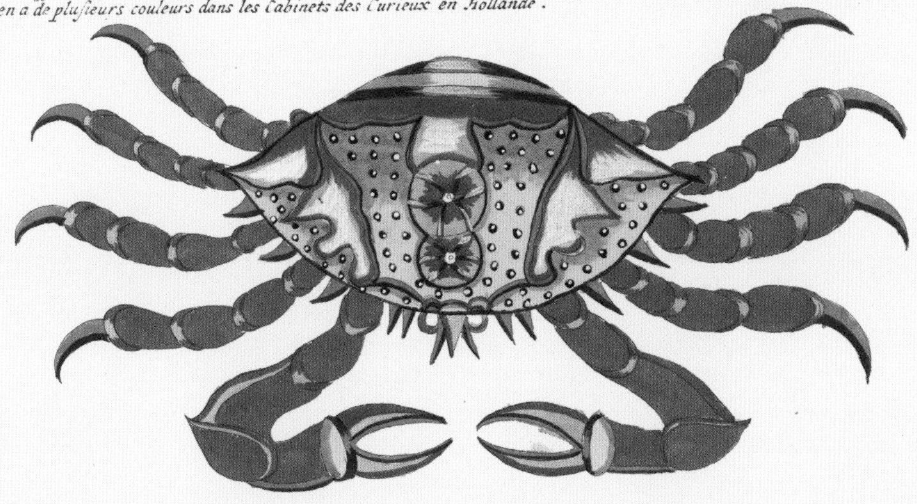

173. **Speer-viſch. Moorſe Afgodt.** *Voyez les Remarques N.° 44. et 75.*

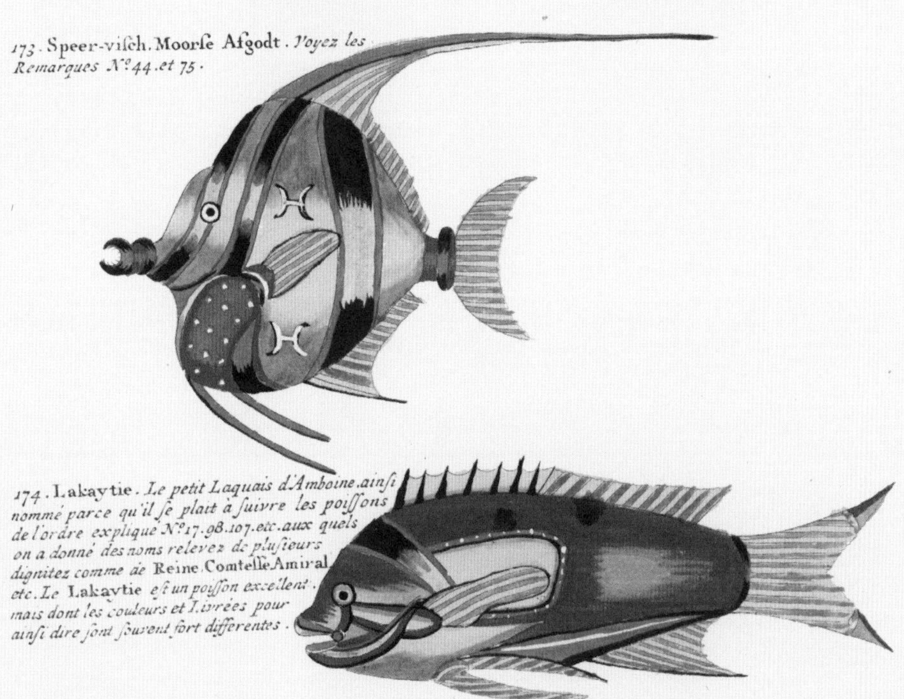

174. **Lakaytie.** *Le petit Laquais d'Amboine. ainſi nommé parce qu'il ſe plait à ſuivre les poiſſons de l'ordre explique N.° 17. 98. 107. etc. aux quels on a donné des noms relevez de pluſieurs dignitez comme de* **Reine, Comteſſe, Amiral** *etc. Le* **Lakaytie** *eſt un poiſſon excellent. mais dont les couleurs et Livrées pour ainſi dire ſont ſouvent fort differentes.*

172. 远海梭子蟹 *Portunus pelagicus*

来自安汶，又叫花蟹。它的变异如此多样、色彩如此绚丽，我即便画出两千幅也不必担心重复。荷兰的博物学家收藏了几种颜色各异的标本。

173. 角镰鱼 *Zanclus cornutus*

被摩尔人奉为偶像，见 *44* 说明。

174. 梅鲷科 Caesionidae

来自安汶，又叫小跟班，因为它喜欢跟着 *17*、*98* 和 *107* 所示的鱼类，而那些鱼类又被冠以女王、伯爵夫人、海军上将等尊贵头衔。梅鲷非常美丽，颜色和体形变化万千。

XL. Planche.

175. Geep de la Côte Alforeese. *Il y en a de Six pieds de long et de diverses espèces, mais il sont mauvais, huileux, et degoutant, et ils ont les arrestes vertes.*

176. Bilangh *fort-bon mais plein d'arrêtes et fort velu.* Les Chinois *l'aiment beaucoup étuvé avec de l'ail et du poivre. Il est long de trois pieds, large de trois pouces, et plus plat que rond.*

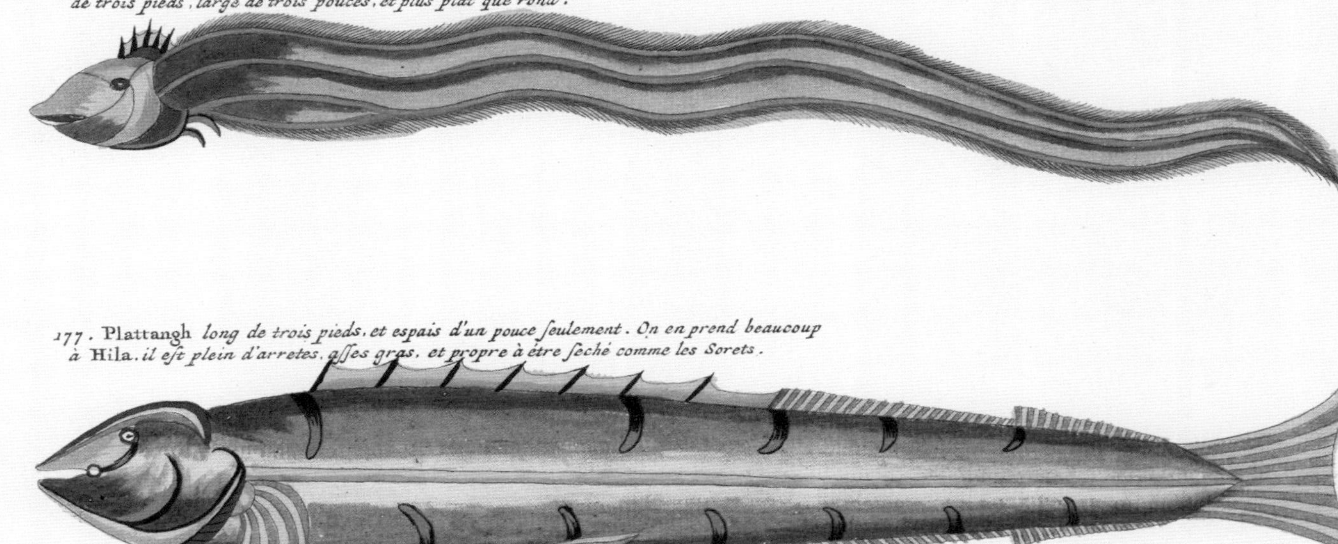

177. Plattangh *long de trois pieds, et espais d'un pouce seulement. On en prend beaucoup* à Hila. *il est plein d'arretes, asses gras, et propre à être seché comme les Sorets.*

Rr.

175. 横带扁颌针鱼 *Ablennes hians*

来自石斑岬，这类鱼有 6 法尺长，种类繁多，但是味道糟糕，油腻不堪，而且有绿色的刺。

176. 鳗鲡目 Anguilliformes

非常美味，但身上全是刺和茸毛。中国人很喜欢搭配大蒜和胡椒把它焖熟。它有 3 法尺长、3 法寸宽，体形侧扁而不是圆筒状。

177. 短吻弱棘鱼 *Malacanthus brevirostris*

3 法尺长，只有 1 法寸宽。希拉岛的居民大量捕捉这种鱼。它有很多刺，相当肥腻，像制作烟熏鲱鱼一样加盐腌制会很不错。

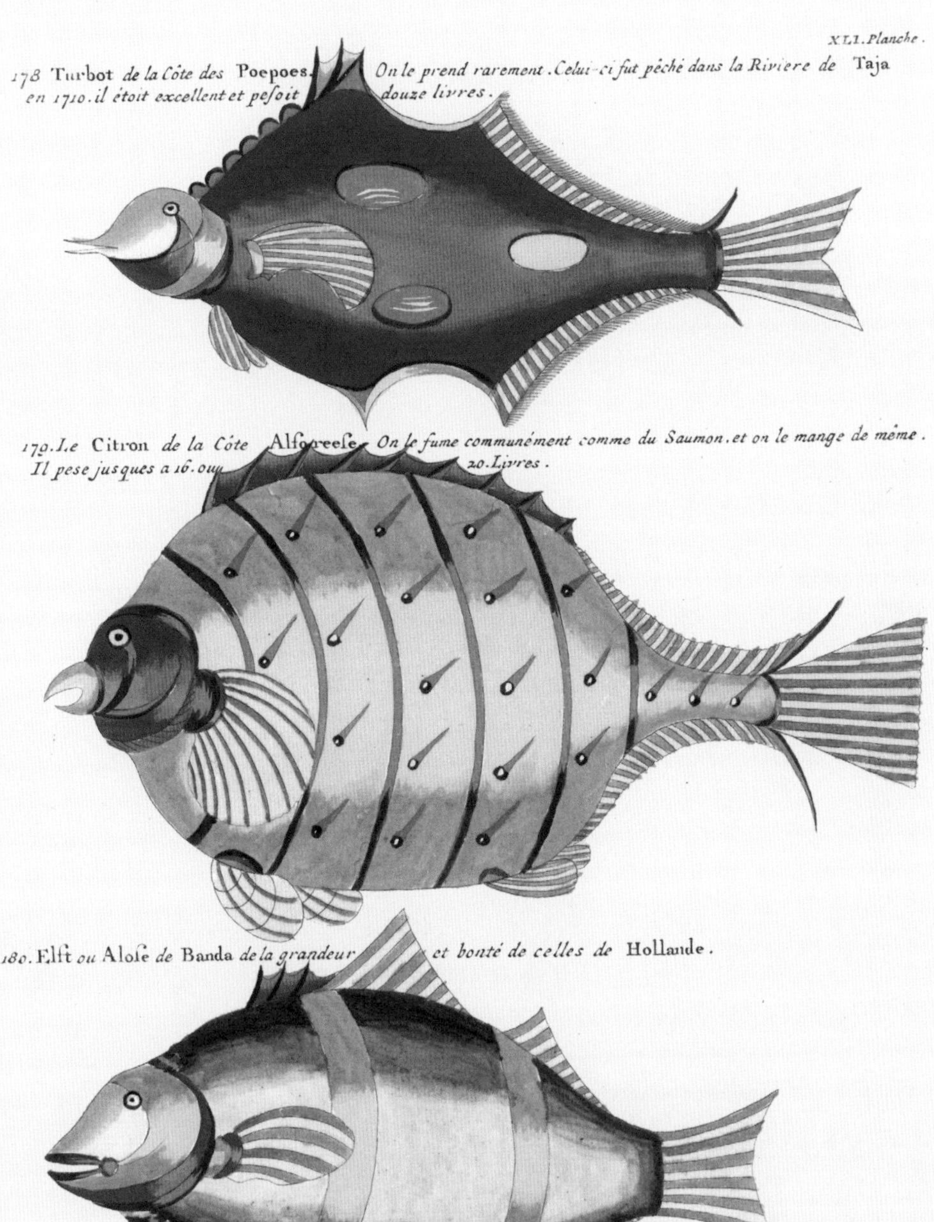
XLI. Planche.
178 Turbot de la Côte des Poepoes. On le prend rarement. Celui-ci fut pêché dans la Riviere de Taja
en 1710. il étoit excellent et peſoit douze livres.
179. Le Citron de la Côte Alfoereeſe. On le fume communément comme du Saumon. et on le mange de même.
Il pese jusques a 16. ou 20. Livres.
180. Elſt ou Aloſe de Banda de la grandeur et bonté de celles de Hollande.
Ss.

178. 鲽形目 Pleuronectiformes

一种比目鱼，来自波氏岬，人们很少抓到这种鱼。图中这条是 *1710* 年在塔加的河里捕获的。很美味，重达 12 斤。

179. 网纹短刺鲀 *Chilomycterus reticulatus*

也叫柠檬鱼，来自石斑岬，重量可达 16 ~ 20 斤*。人们通常把它像三文鱼一样烟熏后再吃。

180. 鲻科 Mugilidae

来自班达岛，个头和品质均胜过荷兰的同类。

---

* 16 ~ 20 法国古斤约合 8 ~ 10 千克，或许是作者的夸张。

181 Kabos de la Côte des Poepoes *très commun, et du goût de l'anguille*

182. *On apelle ce Poiſſon à* Amboine Fer à Gauffres, Wafel Eyſer. *On le prend à la Baye Portugaize, et il est fort venimeux.*

Tt.

181. 拟鲈属 *Parapercis*

来自波氏岬的拟鲈，很常见，味道类似鳗鱼。

182. 海龙科 Syngnathidae

这种鱼在安汶被叫作“华夫饼铛子”。图中这一条捕获于葡萄牙湾，有剧毒。

183. **Rogge** *ou* **Raye** *de* **Ceram** *très-delicatte dont la chair et les arêtes ſont plus fines qu'aux Rayes de* **Hollande**. *Celles-ci n'excedent point la grandeur d'un pied. On en fait ſecher beaucoup au Soleil pour faire des preſents dans toutes les* **Indes**. *La peau de cette espèce de Raye eſt fort eſtimée tant à cauſe de ſes belles couleurs, que principalement à cauſe que les femmes marriées s'en ſervent pour couvrir la partie que la pudeur ne nomme point. C'eſt là la marque qui distingue les femmes d'avec les filles car celles-ci vont tout à fait nues.*

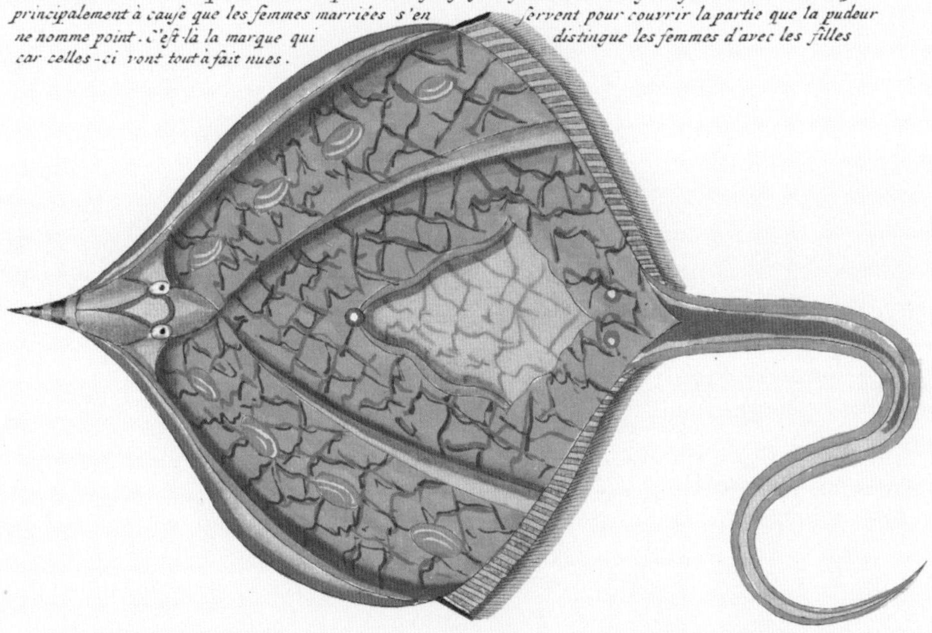

184. *Le* **Chameau jeaune** *de la Côte de* **Ceram** *long de trois à quatre pieds mais fort gros et fort rond, extraordinairement gras et de bon goût. Il a la peau très-dure et coriaſſe. Les Sauvages de* **Ceram** *ſe ſervent des pointes piquantes que ce Poiſſon a ſur le dos pour armer leurs fleches, car outre qu'elles ſont très-dures, elles ont auſſi une espèce de venin qui tue ceux qui en ſont bleſſez.*

Vv.

183. 鳐科 Rajidae

塞兰岛的鳐鱼非常鲜嫩，肉和刺都比荷兰的鳐鱼更细腻。这种鳐鱼大小不超过1法尺。阳光下晒成的鱼干在整个东印度地区都可以作为礼物使用。它们的皮备受推崇，不仅因为颜色美丽，还因为已婚妇女会用它来遮掩私处。这种装饰是区分成年女性与少女的标志，因为未成年的土著少女是完全赤裸的。

184. 隆头鱼科 Labridae

来自塞兰海岸，也叫黄骆驼，长达3～4法尺，又圆又胖，极其肥美可口。它的皮非常坚韧，塞兰岛的土著用它背上的刺做箭头。这些刺不仅坚硬锐利，还含有致命的毒液。

185. *Monstre qui fut pêché au passage de* Baguewal *près d'*Amboine *en 1709. Il etoit long de trois pieds et demi.*

186. Bot *ou* Plie *de la Côte* Alforeese *très-bonne à toutes Sauces très-belle et diversifiée dans ses couleurs. On en trouve d'un pied de long, il n'y a qu'environ 20. ans que ce poisson a commence d'être connu aux* Moluques.

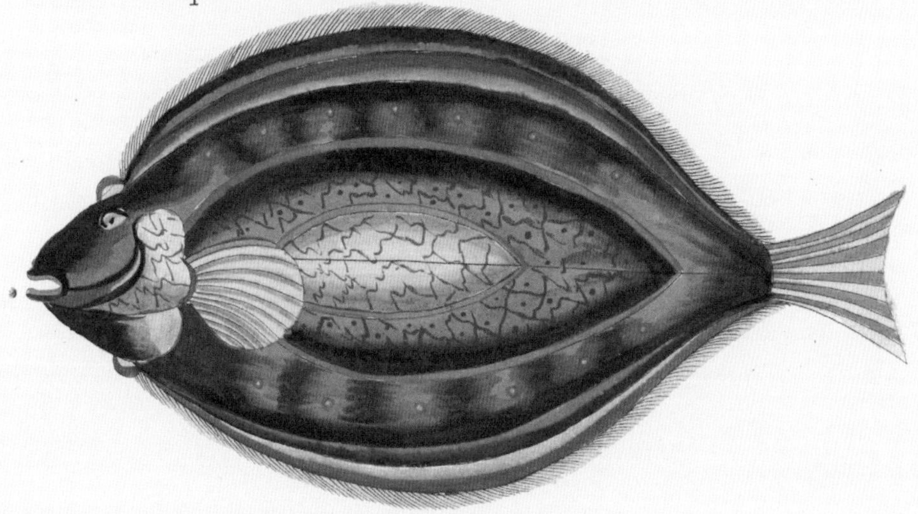

Ww.

185. 无法鉴定

一种海怪，1709 年捕获于安汶附近的巴格瓦，长达 3.5 法尺。

186. 鲽形目 Pleuronectiformes

来自石斑岬，有 1 法尺长。搭配任何酱汁都非常美味，颜色很美，富于变化。在摩鹿加群岛，人们发现这种鱼还不到 20 年。

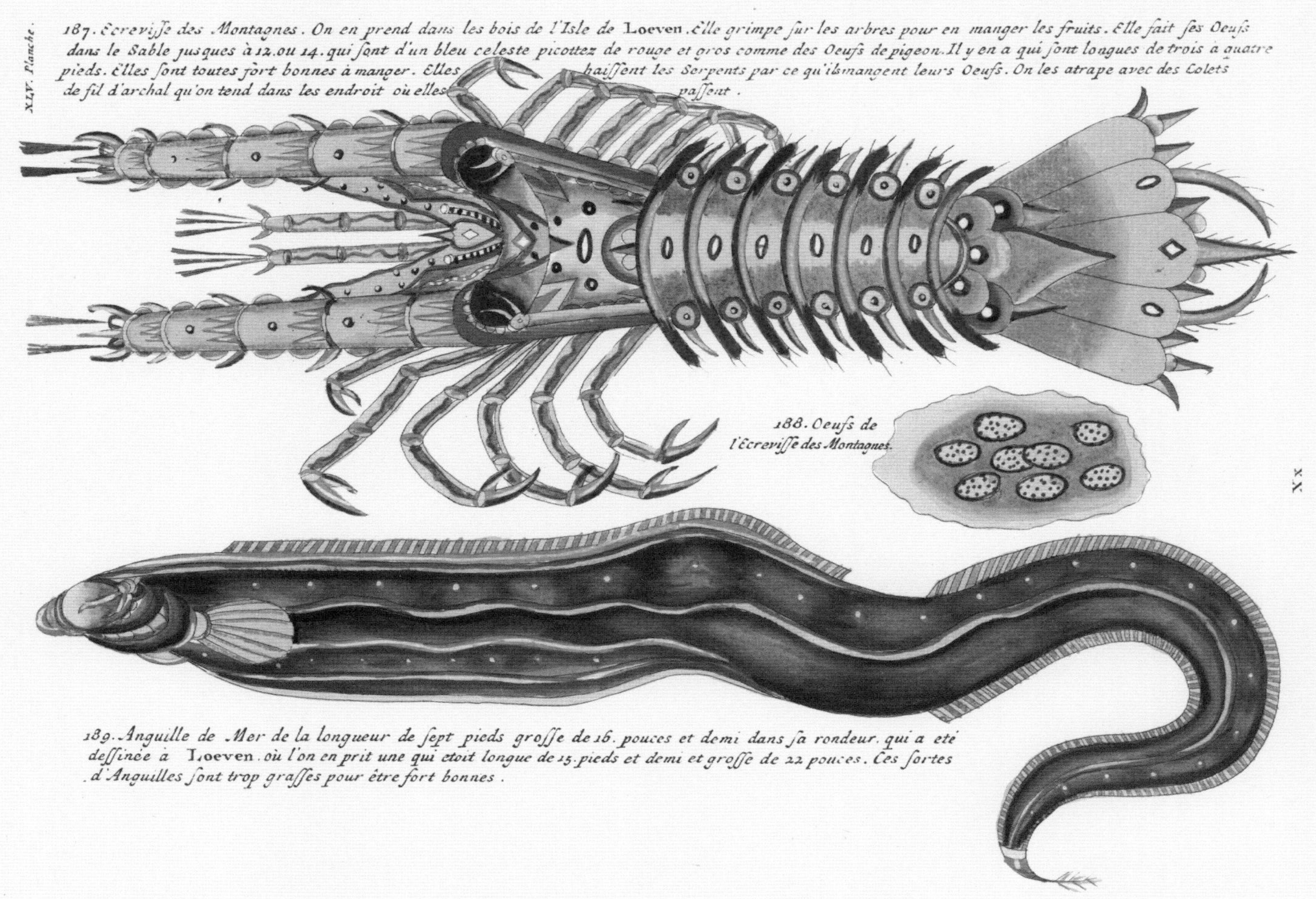

187. Ecreviſſe des Montagnes. On en prend dans les bois de l'Isle de Loeven. Elle grimpe ſur les arbres pour en manger les fruits. Elle fait ſes Oeufs dans le Sable jusques à 12. ou 14. qui ſont d'un bleu celeste picottez de rouge et gros comme des Oeufs de pigeon. Il y en a qui ſont longues de trois à quatre pieds. Elles ſont toutes fort bonnes à manger. Elles haiſſent les Serpents par ce qu'ils mangent leurs Oeufs. On les atrape avec des Colets de fil d'archal qu'on tend dans les endroit où elles paſſent.

188. Oeufs de l'Ecreviſſe des Montagnes.

189. Anguille de Mer de la longueur de ſept pieds groſſe de 16. pouces et demi dans ſa rondeur. qui a eté deſſinée à Loeven. où l'on en prit une qui etoit longue de 15. pieds et demi et groſſe de 22 pouces. Ces ſortes d'Anguilles ſont trop graſſes pour être fort bonnes.

Xx

187. 三角脊龙虾 *Linuparus trigonus*

一种生活于山地的龙虾[*]，捕获于卢旺岛的树林。这类山地龙虾爬到树上吃果实，在沙地上产卵，最多可产 12 ~ 14 个。它的卵呈天蓝色并带红色斑点，大小与鸽子蛋相近。有些能长到 3 ~ 4 法尺长，味道不错。山地龙虾憎恨蛇，因为蛇会吃它们的卵。想要捕捉山地龙虾的人会用拱形铁丝制作成夹子，放在它们的必经之路上。

188. 龙虾卵

图 187 的卵[†]。

189. 裸胸鳝属 *Gymnothorax*

也叫海鳝，图中这条长度为 7 法尺，有 16 法寸半那么厚，捕获于卢旺岛。在卢旺岛还曾经捉到一条长15法尺半、厚达22法寸的。这类鳝鱼太肥了，滋味不太好。

---

* 图 187 符合龙虾科龙虾属的形态，龙虾都生活在水中。存在树栖寄居蟹，但与 187 形态差异极大。

† 龙虾在海中产卵，每次能产数百至上千枚，形态类似日常见到的鱼籽，与 188 差异极大。

XLVI. Planche.
190. Crabbe Fleuronnée de dix pouces de long très-bonne.
191. Bulsuck de Boero, passablement bon.
192. Harang d'Amboine fort gras et de bon gout.
193. Crabbe Amphibie dont il y a une infinité de sortes et de couleurs differentes.
194. Sambilang. Il y en a de fort grands, et ils ont le gout de l'Eturgeon.
Yy.

190. 乌氏蟹属 *Umalia*

背甲的花纹像是花朵，10 法寸长，非常美味。

191. 黑头前角鲀 *Pervagor melanocephalus*

味道相当不错。

192. 玫瑰细鳞盔鱼 *Hologymnosus rhodonotus*

来自安汶，很肥美，很有味道。

193. 卧蜘蛛蟹科 Epialtidae

水陆两栖的螃蟹，颜色与形态的变化几乎无穷无尽。

194. 尖吻四鳍旗鱼 *Tetrapturus angustirostris*

有一些个体长得非常大，味道像鲟鱼。

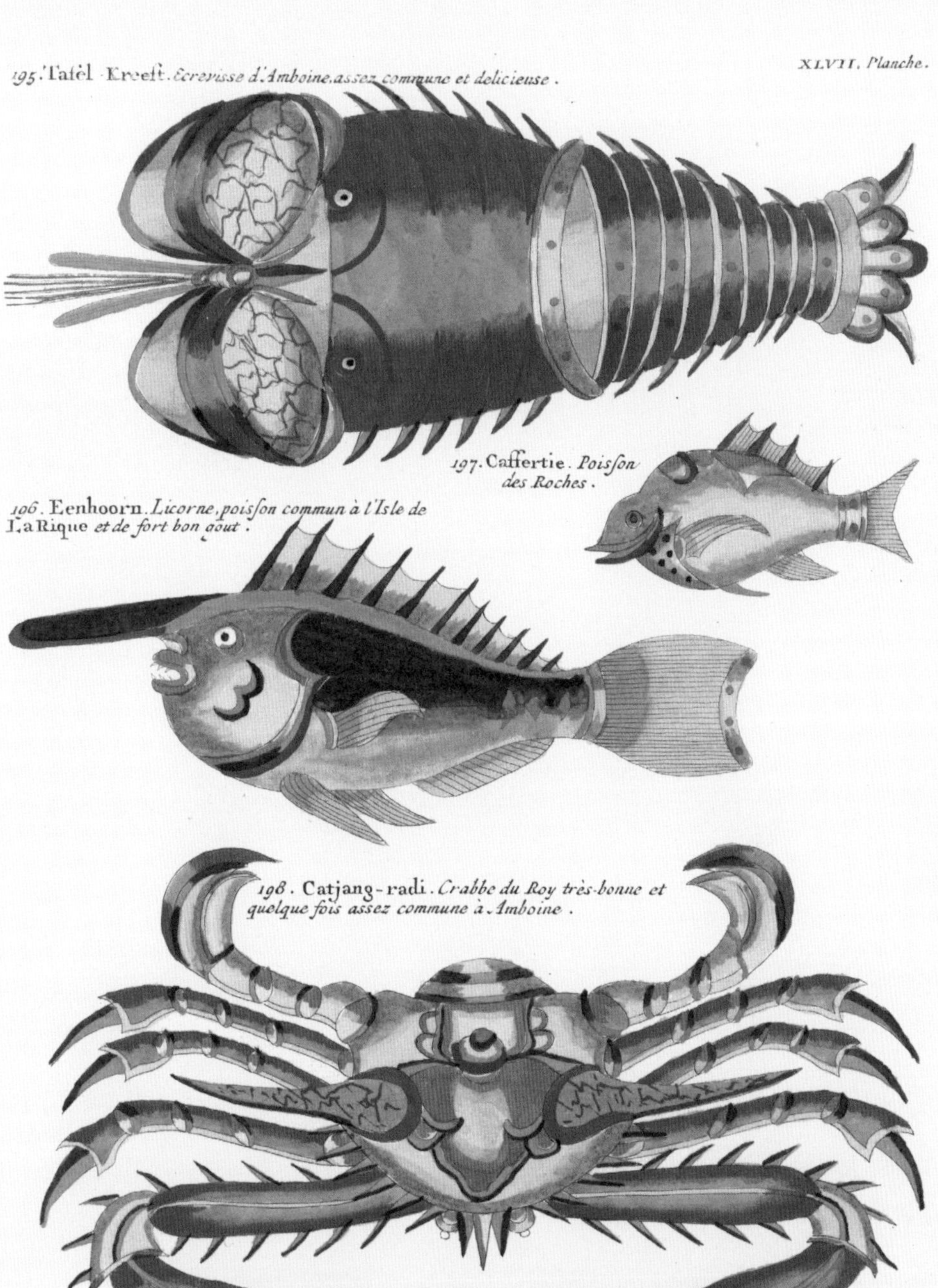
XLVII. Planche.
195. Tafèl-Kreeft. Ecrevisse d'Amboine, assez commune et delicieuse.
197. Caffertie. Poisson des Roches.
196. Eenhoorn. Licorne, poisson commun à l'Isle de La Rique et de fort bon gout.
198. Catjang-radi. Crabbe du Roy très-bonne et quelque fois assez commune à Amboine.
Zz

195. 毛缘扇虾 *Ibacus ciliatus*

来自安汶，相当常见，而且很可口。

196. 短喙鼻鱼 *Naso brevirostris*

也叫独角吊，里克岛的常见鱼类，味道非常好。

197. 刺尾鱼科 Acanthuridae

一种岩石鱼。

198. 远海梭子蟹 *Portunus pelagicus*

也叫国王蟹，非常美味，某些时候在安汶很常见。

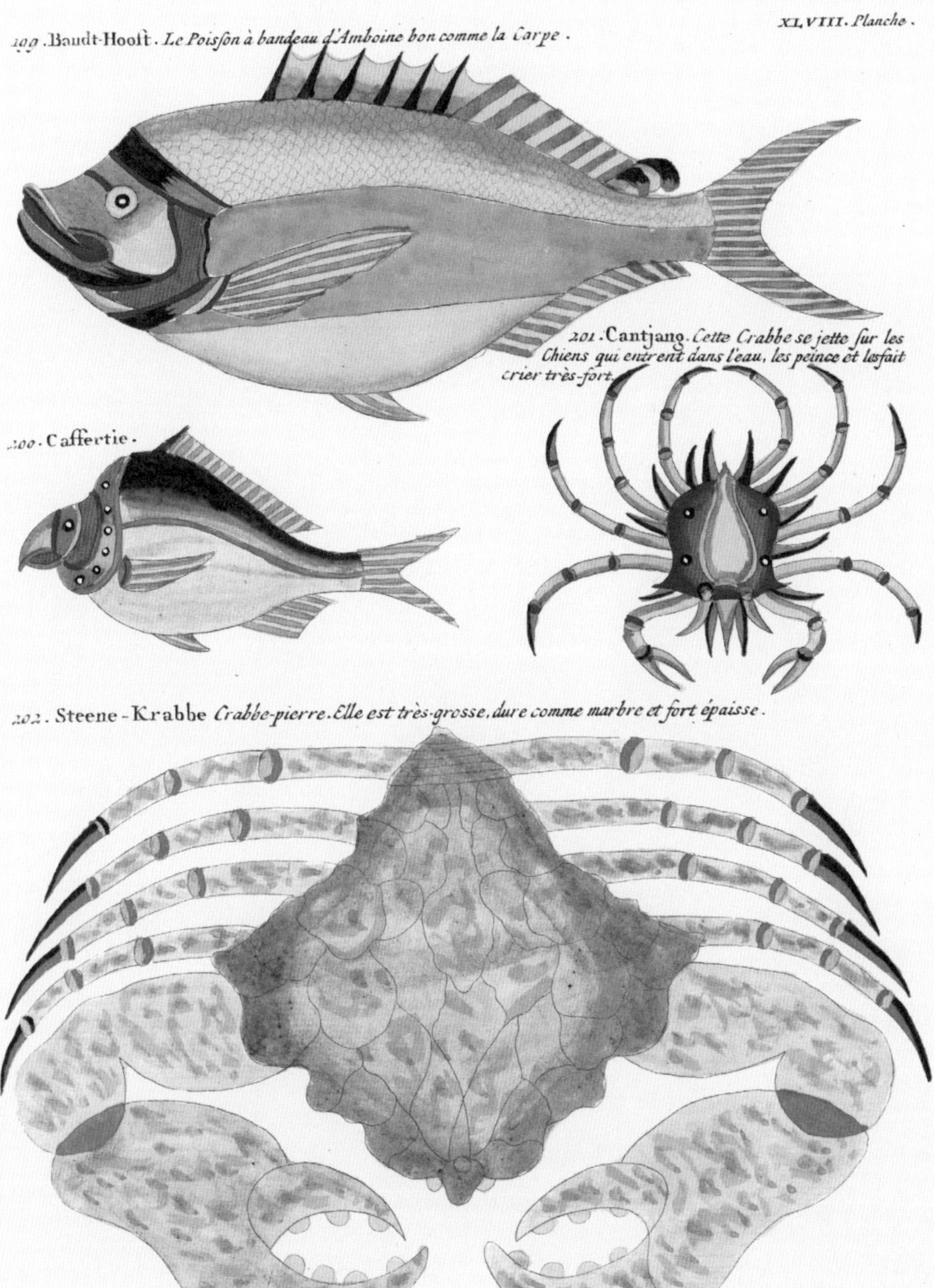
XLVIII. Planche.
199. Baudt-Hooft. Le Poisson à bandeau d'Amboine bon comme la Carpe.
201. Cantjang. Cette Crabbe se jette sur les Chiens qui entrent dans l'eau, les peince et lesfait crier très-fort.
200. Caffertie.
202. Steene-Krabbe Crabbe-pierre. Elle est très-grosse, dure comme marbre et fort épaisse.
Aaa.

199. 笛鲷属 *Lutjanus*

安汶的额带鱼，味道和鲤鱼一样好。

200. 鲾科 Leiognathidae

201. 卧蜘蛛蟹科 Epialtidae

这只螃蟹扑向踏入水中的狗，钳得它们大声惨叫。

202. 五角暴蟹 *Halimede ochtodes*

也叫岩石蟹[*]，非常大，壳像大理石一样硬且厚。

---

* “岩石蟹”是原书成书年代人们对 202 的称呼，不是今天说的岩蟹科。

203. Katjang-Roeper. *Crabbe-criarde. Elle crie comme un petit chat, et assez haut.*

204. Klip-Visch. *Poisson des Roches.*

205. Kamp-haan *d'Amboine. Il est aussi bon et aussi commun que le Goujon qu'on apelle* Post *en Hollande.*

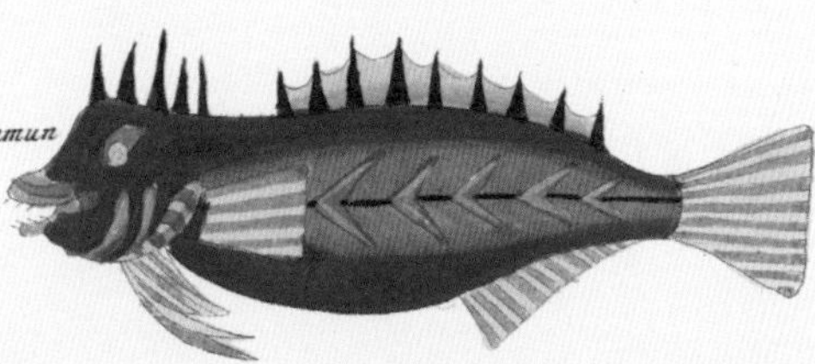

206. Kruys-Krabbe. *La Crabbe Sainte de l'Isle de Boutton. Elle est en grande Veneration parmi les Pretres et Missionaires. Les Peres Jesuites disent que St. François Xavier prechant l'Evangile aux Indiens, un* Raya *ou Roy en colere luy arracha des mains la Croix qu'il montroit et annoncoit aux peuples, et qu'ayant jetté cette Croix dans la Mer, une Crabbe marquée d'une Croix comme celle-cy, la raporta dans ses pattes sur le Rivage à la vuë du Raya et d'une grande foule de peuple qui par ce Miracle furent Convertis à la Foy Chretienne.*

207. Loupert *de Baguewall fort bon à la Sauce à l'Oseille.*

Bbb.

203. 红星梭子蟹 *Portunus sanguinolentus*

也叫尖叫蟹。这种螃蟹会像小猫一样叫唤，声音相当尖。*

204. 横带扁背鲀 *Canthigaster valentini*

一种岩石鱼。

205. 无法鉴定

来自安汶，美味又常见，就像叫作“邮票”的那种荷兰小鱼。

206. 拳蟹属 *Pyrhila*

来自布通岛，被称为圣蟹。牧师和传教士都极其敬重它。耶稣会神甫说，圣方济各·沙勿略来到东印度，向人们宣讲福音。一位土著国王出于暴怒，在沙勿略为人们介绍十字架时，从他手中夺走十字架，扔进海里。随后，一只带有十字标记的螃蟹——就像图中这只——用钳子举起十字架送回岸上。这件奇迹发生在众目睽睽之下，包括国王在内的许多人都看到了。于是，他们都皈依了天主教。

207. 鲻科 Mugilidae

来自巴格瓦，配着酸模酱非常美味。

---

* 未找到梭子蟹科生物会发出叫声的记录。

208. Crabbe d'Arbre, *mauvaise à manger.*

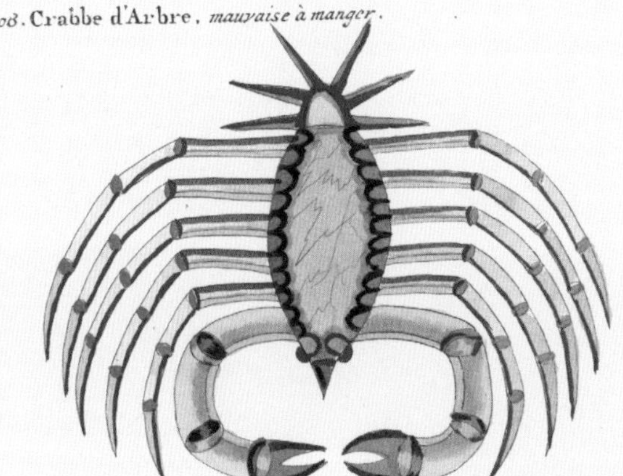

209. Harang de Hila *plus gros et aussi bon que celuy d'Amboine.*

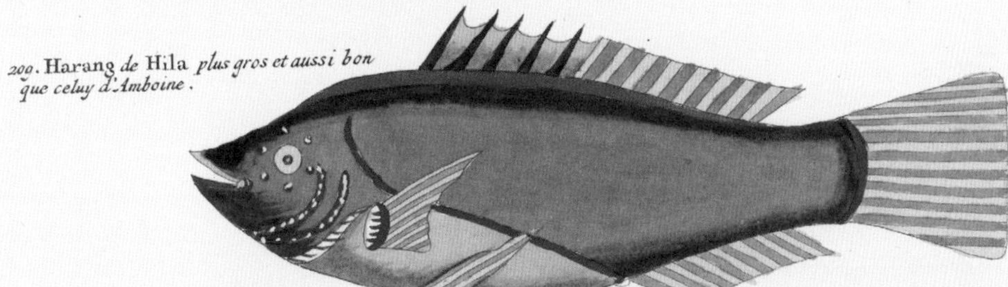

210. Sand-Kruyper *Espece de* Remora. *Il se plait à se jetter sur le rivage et à s'y vautrer dans le Sable où on en âtrape assez souvent: Il est fort bon. Ces sortes de poissons s'attachent quelquefois par milliers à la quille des Navires pour y sucer le bois, et nageant tous contre la course du Vaisseau ils l'empechent d'avancer. On reconnoit cela lors qu'en jettant de la mangeaille à l'avant ou à l'arriere du Batiment on voit Ces poissons y accourir par milliers, et on s'aperçoit que le Vaisseau en est alors soulagé.*

211. Ican Taci. *Ce Poisson se repait volontiers d'excrements humains et se trouve ordinairement dans les lieux où il y en a.*

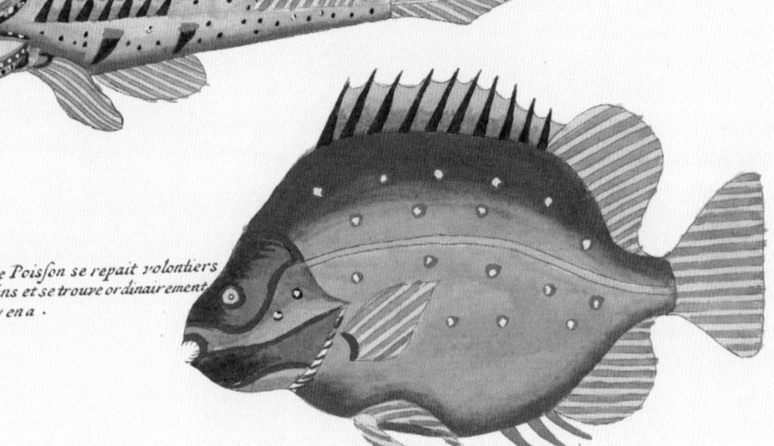

Ccc.

208. 卧蜘蛛蟹科 Epialtidae

某种树蟹，不好吃。

209. 玫瑰细鳞盔鱼 *Hologymnosus rhodonotus*

来自希拉岛，个头更大，和安汶的一样好吃。

210. 䲟鱼 *Echeneis naucrates*

喜欢跳到岸上，在沙子里打滚，经常在这类地方被人抓到。䲟鱼非常美味。有时候，上千条䲟鱼附在船的龙骨上，紧紧吸住木材，一起逆着船的方向游动，阻止船前进。如果人们向船只前后扔下食物，䲟鱼就会成群结队奔向食物，船只就得救了。*

211. 金钱鱼 *Scatophagus argus*

这种鱼喜欢吃人的排泄物，经常出现在有排泄物的地方†。

---

* 䲟鱼是一种肉食性鱼类，会吸附在大鱼身上或船上远游，进入食物丰富的区域时脱离宿主捕食，有时也会进入浅海。

† 食腐鱼类，以动植物尸体和排泄物为生，也叫食粪鱼。

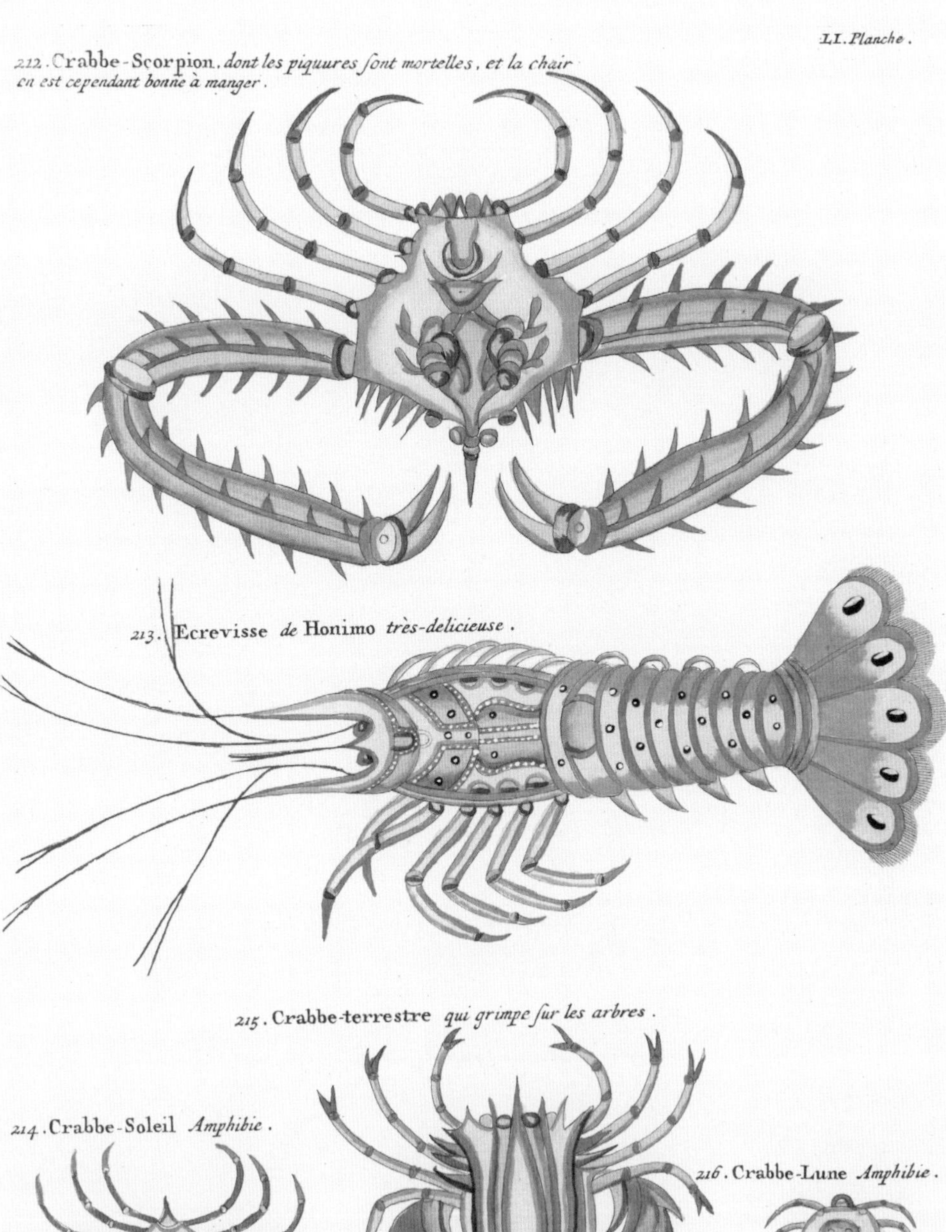
212. Crabbe-Scorpion, dont les piquures sont mortelles, et la chair en est cependant bonne à manger.
213. Ecrevisse de Honimo très-delicieuse.
215. Crabbe-terrestre qui grimpe sur les arbres.
214. Crabbe-Soleil Amphibie.
216. Crabbe-Lune Amphibie.

Ddd.

212. 卧蜘蛛蟹科 Epialtidae

它的刺能够致命，但肉可以吃。

213. 眼斑龙虾 *Panulirus argus*

来自奥尼莫，非常美味。

214. 武装绒球蟹 *Doclea armata*

也叫日蟹，水陆两栖。

215. 蜘蛛蟹科 *Majidae*

能够攀爬到树上*。

216. 绒球蟹属 *Doclea*

也叫月蟹，水陆两栖。

---

* 蜘蛛蟹科生活于海底。

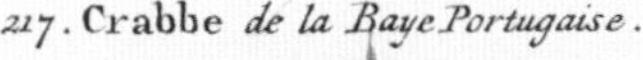
217. Crabbe *de la Baye Portugaise*.

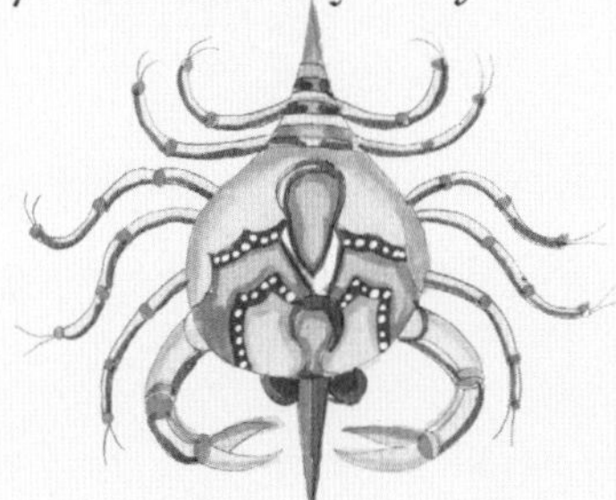

218. Garnate *ou Chevrette Femelle*.

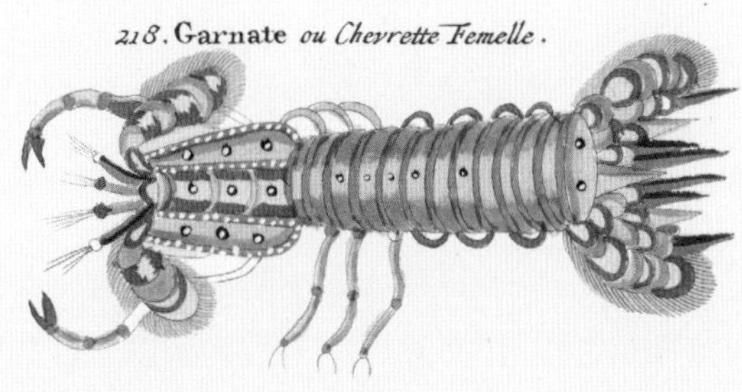

219. Goujon *de Rivierre fort excellent*.

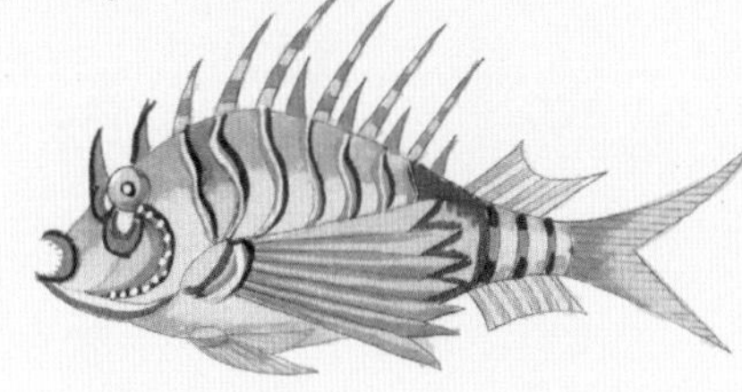

220. Crabbe *Amphibie*.

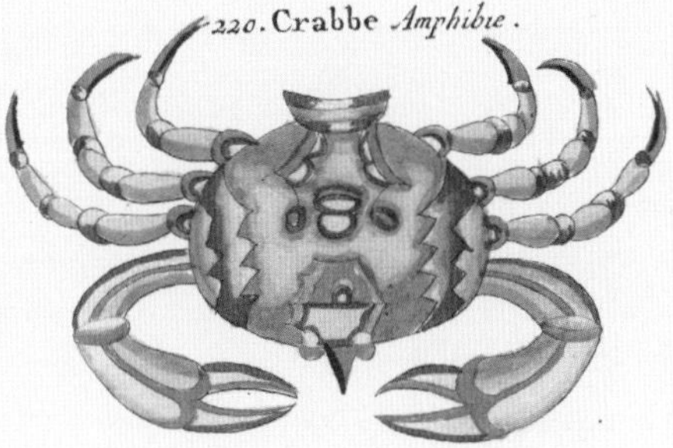

221. Crabbe *Areignée*.

222. Garnate *ou Chevrette Male*.

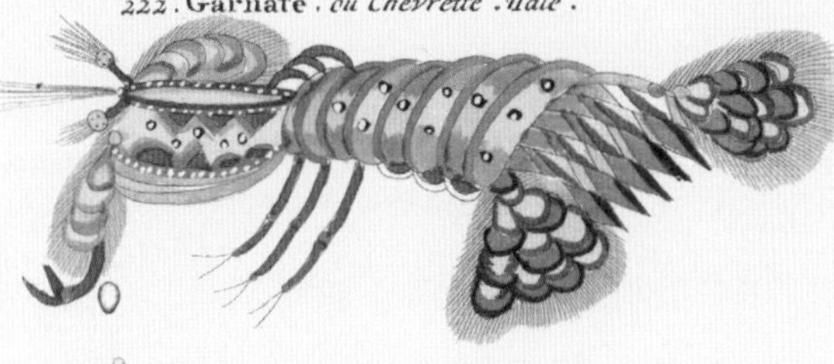

Eee.

217. 绒球蟹属 *Doclea*

来自葡萄牙湾。

218. 斑琴虾蛄 *Lysiosquillina maculata*，雌性

219. 蓑鲉属 *Pterois*

河里的小鱼*，非常好吃。

220. 近圆蟹科 Atelecyclidae

水陆两栖的螃蟹。

221. 蜘蛛蟹科 Majidae

222. 斑琴虾蛄 *Lysiosquillina maculata*，雄性

---

* 图 219 与蓑鲉属的形态一致，蓑鲉生活在海里。

223. Dos d'Or d'Amboine.

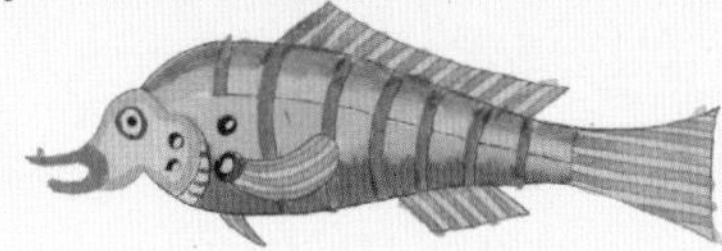

224. Chevrette *Commune Femelle*.

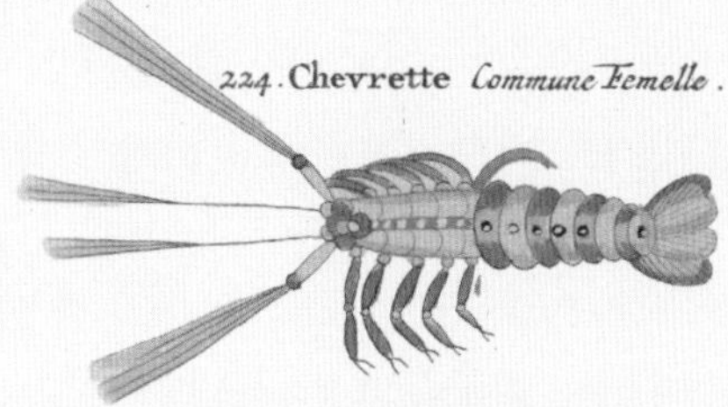

225. Doré de Loeven.

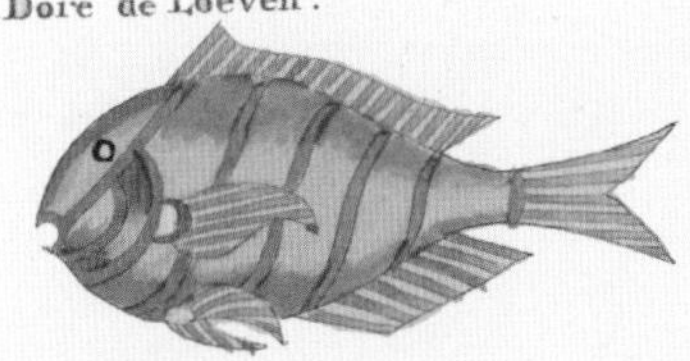

226. Crabbe *Terrestre*.

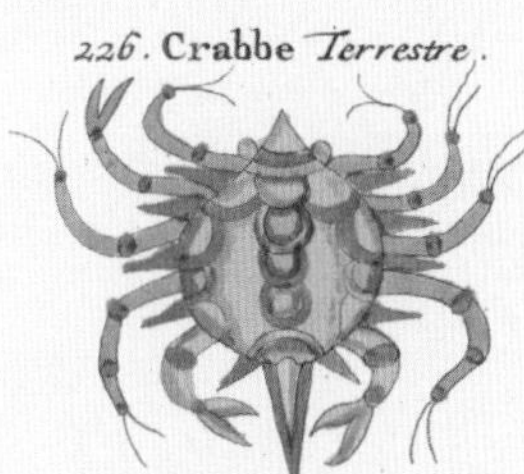

227. Tomtombo *doré*.

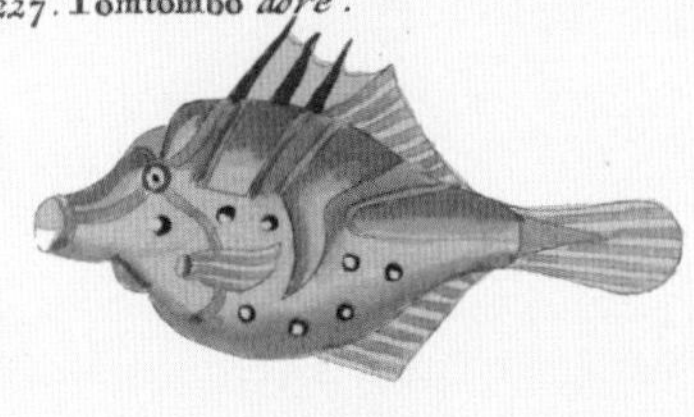

228. Gout-Visch. *Le Poisson d'Or de* Hila.

229. Barbeau d'Arouke *très-petit*.

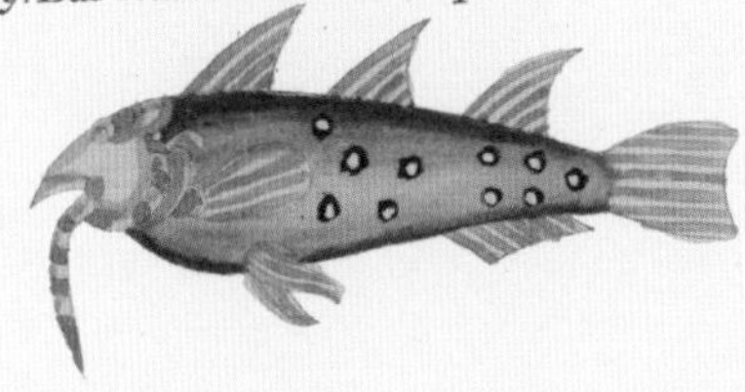

230. Chevrette *Commune Male*.

223. 背斑盔鱼 *Coris dorsomacula*

又叫金背鱼，来自安汶。

224. 单肢虾属 *Sicyonia*，雌性

225. 雀鲷科 Pomacentridae

金色的鱼，来自卢旺岛。

226. 刺蜘蛛蟹 *Maja spinigera*

一种陆生蟹。*

227. 眼带扁背鲀 *Canthigaster ocellicincta*

金色的扁背鲀。

228. 丝隆头鱼属 *Cirrhilabrus*

金色的鱼，来自希拉岛。

229. 无法鉴定

来自阿鲁克，非常小。

230. 猬虾 *Stenopus hispidus*

较常见，雄性。

---

* 刺蜘蛛蟹属蜘蛛蟹科，生活在海里。陆生蟹与图 226 形态差异较大。

231. Diable-Marin. *Espece de Raye*.

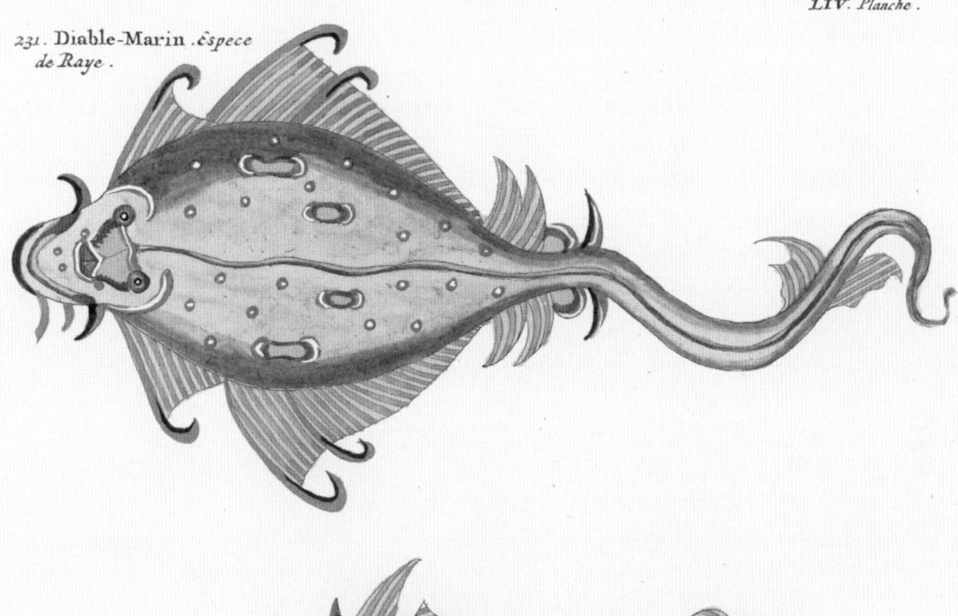

232. Diable-Marin.

233. Zeyl-Visch. *Le Poisson Voillier. Il y en a de grands comme des petites Balaines. Ils ont le bec dur comme du fer et très-dangereux. Ils levent et baissent leur Nageoire du dos comme un Evantaille qui s'emboitte dans une longue fente que ces sortes de poissons ont le long du dos. Ils nagent quelquefois à fleur d'eau, et alors on peut voir leur Nageoire qui est fort haute, de plus d'une lieuëen Mer mais quand ils la tiennent ainsi levée, c'est Signe d'Orage*.

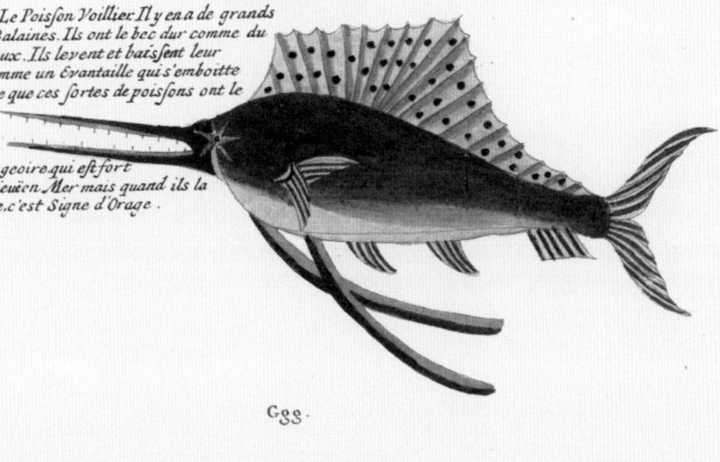

Ggg.

231. 帝汶铲吻犁头鳐 *Aptychotrema timorensis*

也叫魔鬼鱼*。

232. 锯鳐属 *Pristis*

233. 平鳍旗鱼 *Istiophorus platypterus*

也叫帆船鱼，能长到小鲸鱼那么大。旗鱼的吻像铁一样坚硬，非常危险。旗鱼的背鳍能够展开或收起，如同折扇。背鳍收起之后会嵌进沿着脊背的长长缝隙。有时候，旗鱼在齐水面处游动，即使在1古里之外，高耸的背鳍也清晰可辨。当旗鱼这样竖起背鳍，就是暴风雨的征兆。

---

* “魔鬼鱼”是原书成书年代人们对 231 和 232 的称呼，在今天多指蝠鲼科的蝠鲼。

LV. *Planche.*

234. *Poisson particulier du Reservoir de Loeven.*

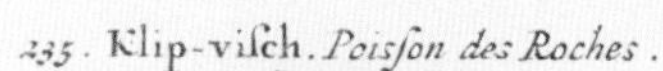

235. Klip-visch. *Poisson des Roches.*

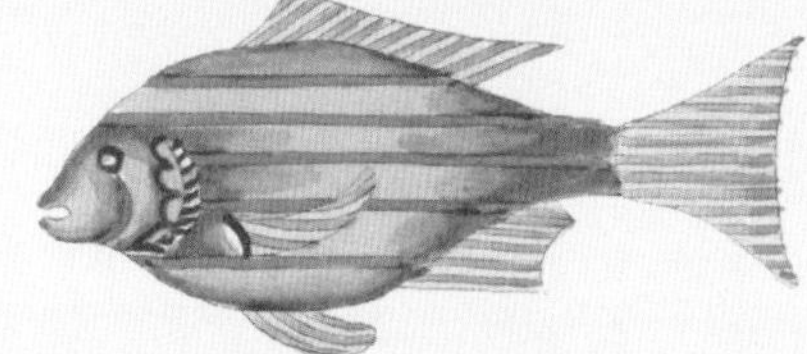

236. *Poisson des Roches.*

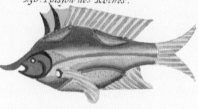

237. *Espece de Cabillau de la Rique très-bon.*

234. 刺尾鱼科 Acanthuridae

只存在于卢旺岛水族箱里的鱼。

235. 五线笛鲷 *Lutjanus quinquelineatus*

岩石鱼。

236. 鼻鱼属 *Naso*

岩石鱼。

237. 鮨科 Serranidae

来自里克岛，非常美丽。

LVI. Planche.

238. **Keyser van Iapan.** *Empereur du Japon. Poisson le plus delicieux et le plus beau qui soit au monde, mais très-rare. Il est couvert de petites écailles presque imperceptibles et plus brillantes que l'or. J'en ay vû un autre tout blanc, rayé de rouge, la tête d'un bleu-céleste, le bandeau et les Ouïes de couleur d'or.*

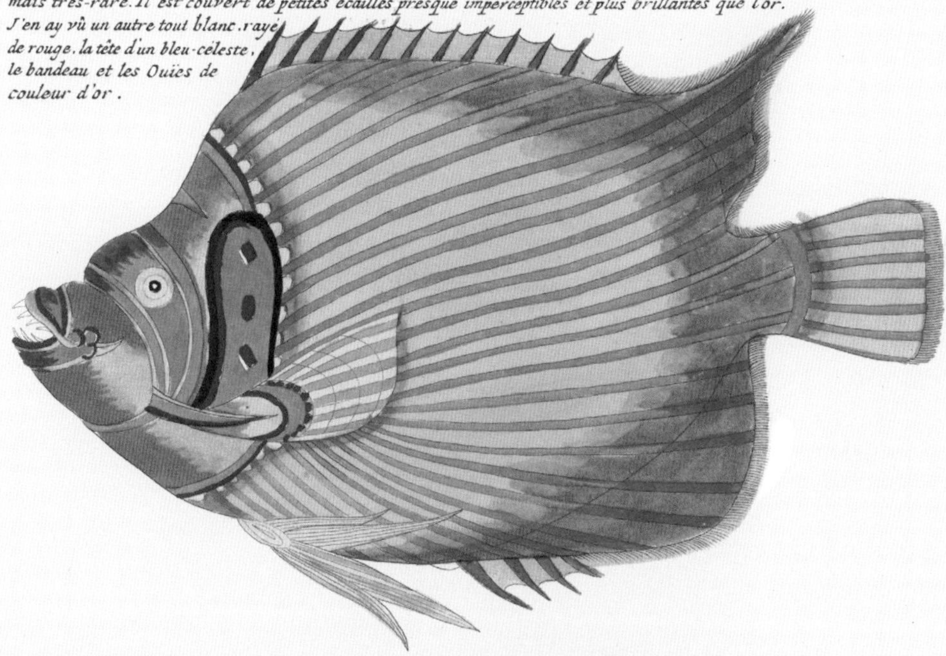

239. **Chietse-visch.** *Voyez N°. 169. où il y en a un d'une autre espece.*

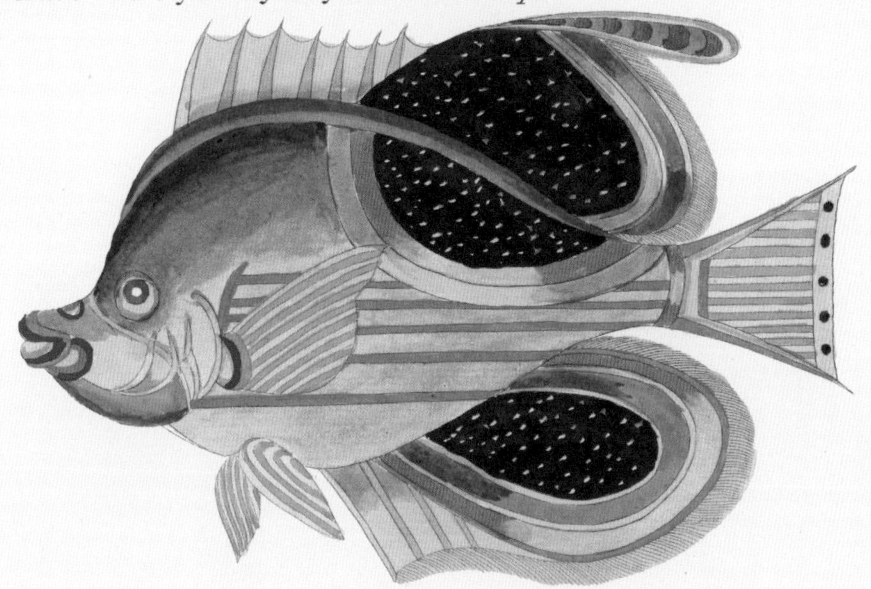

Iii.

238. 主刺盖鱼 *Pomacanthus imperator*

又叫日本天皇[*]。世界上最可口、最美丽的鱼，但极其罕见。它身上布满小到几不可见的鳞片，比黄金还要耀眼。我还见过另外一条：通体白色，带有红色条纹，头部天蓝色，额带和耳部[†]则是金色。

239. 鞭蝴蝶鱼 *Chaetodon ephippium*

169 是另一个物种，属刺盖鱼科。

---

* 水族市场也叫皇帝神仙，分布区遍及东亚、东南亚至南非，模式种产地在日本。

† 鱼类在眼睛后方、头部两侧有内耳、中耳，藏于骨骼之中。

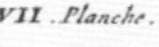

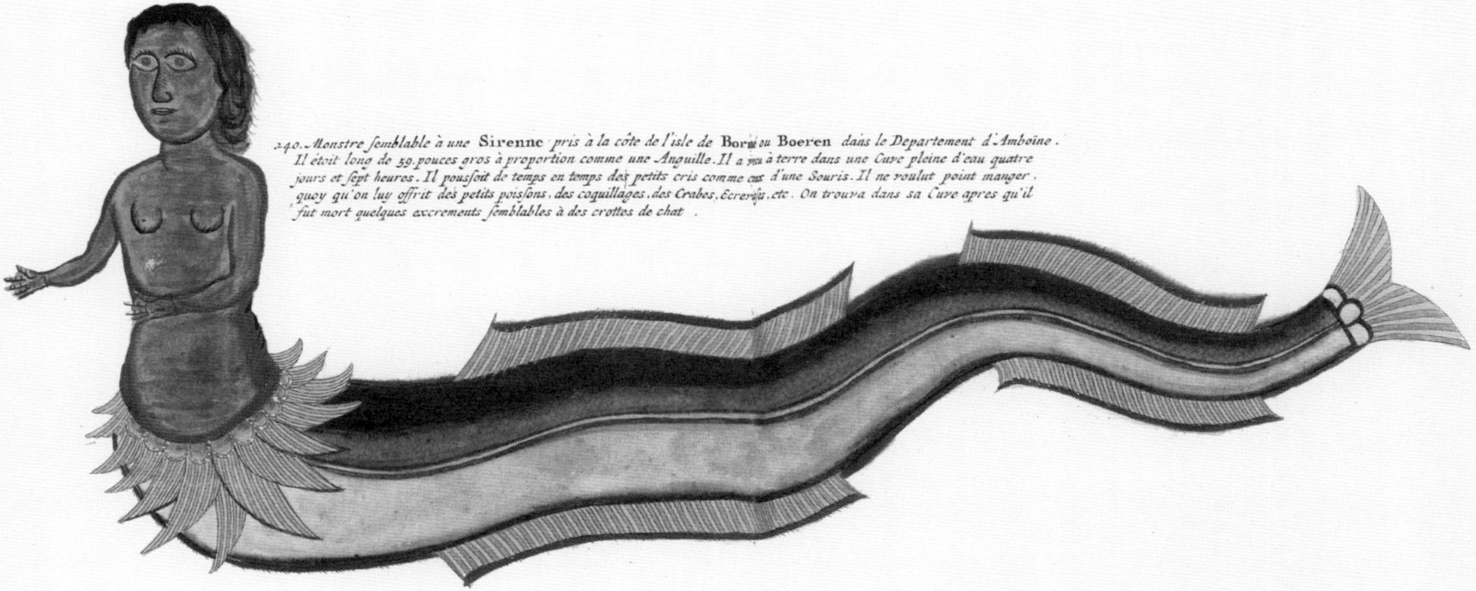

240. Monstre semblable à une **Sirenne** pris à la côte de l'isle de **Borné ou Boeren** dans le Departement d'Amboïne. Il étoit long de 59. pouces gros à proportion comme une Anguille. Il a vécu à terre dans une Cuve pleine d'eau quatre jours et sept heures. Il poussoit de temps en temps des petits cris comme ceux d'une Souris. Il ne voulut point manger, quoy qu'on luy offrit des petits poissons, des coquillages, des Crabes, Ecrevisses, etc. On trouva dans sa Cuve apres qu'il fut mort quelques excrements semblables à des crottes de chat .

241. **Ecrevisse** extraordinaire qui étoit longue de 39. pouces depuis l'extremité des jambes jusques à la queuë. Voyez la Planche XLV. N°. 187.

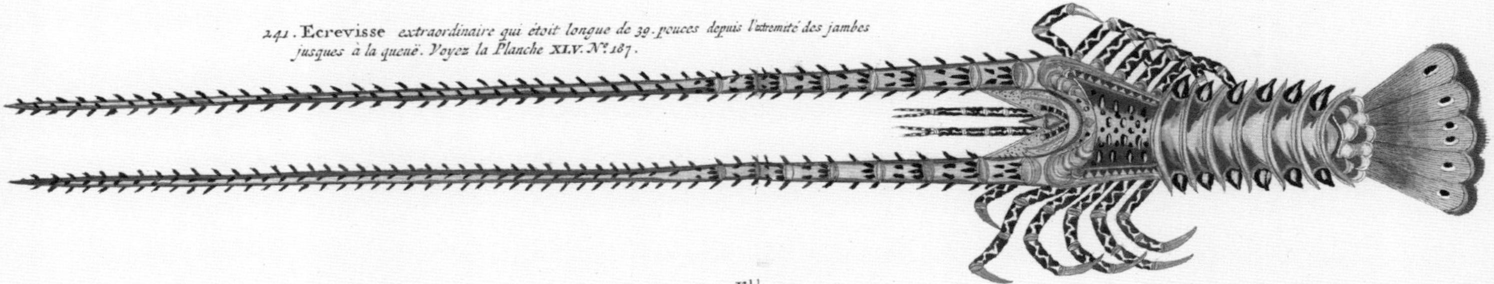

Kkk.

240. 人鱼

一种海怪，类似传说中的人鱼，采自布鲁岛由安汶管辖的区域。它的长度达 59 法寸，比例类似鳗鱼。离开海洋之后，它在一个水箱中存活了 4 天零 7 小时，不时发出像老鼠一样的尖细叫声。尽管人们为它准备了小鱼、贝类、螃蟹、螯虾等食物，但没有观察到它进食。它死后，人们在水箱中发现了一些排泄物，看起来很像猫的粪便。

241. 锦绣龙虾 *Panulirus ornatus*

长度惊人，从腿的末端到尾巴长达 39 法寸。参见 187。

出版后记

17至18世纪是欧洲殖民扩张的鼎盛时期，也是自然科学蓬勃发展的年代。殖民活动使欧洲人接触到大量新奇物种，极大地激发了对自然世界的好奇心。航海本身为自然科学研究提供了丰富的样本，推动了博物学的进步。《海物奇谈》正是在这历史背景下产生的杰出作品，是18世纪重要的博物学和艺术著作。

1602年，荷兰成立荷兰东印度公司，获得在东印度群岛（即今印度尼西亚诸岛）进行殖民活动的特权。1701年至1720年，巴尔塔萨·科耶特和阿德里安·范德斯泰尔先后出任东印度安汶省总督，他们鼓励当地人捕捞海洋生物作为样本，并绘制了大量图像。后由出版商路易·勒纳尔整理编纂这些画作，形成《海物奇谈》的两卷本。

《海物奇谈》是西方已知最早的彩色鱼类图鉴，收录460幅图画，包括鱼类、甲壳类、节肢动物等海洋生物。首次翻阅这些精美插图时，我们也许会为书中生物的色彩和形态所惊叹，甚至以为它们是绘者想象出来的。可事实上，《海物奇谈》描述的主要水域属"珊瑚三角区"，是全球生物多样性最丰富的地区之一，这里的确是种类繁多的奇异生物的家园。尽管书中图片存在颜色细节和解剖上的错误或失真，但如果专注于整体图案和一些关键特征，我们仍然可以确定大部分生物的分类归属。

原作者对每种生物都进行了描述和命名。但由于成书早于林奈双名命名法，原书的命名不统一，有的是根据当地语言音译（例如卷一图105，Gale Gale），有的描述了鱼的形态或习性特点（例如卷二图5，Klip-visch，岩石鱼），有的是借用欧洲已知鱼名。在按已知名称命名的情况中，有些名称与沿用至今的现代俗名相对应（例如卷一图3、卷二图210，remora，鮣鱼），而有些则是错误的对应（例如卷二图36，truite，鳟鱼）。为便于读者查阅，我们重新鉴定了书中生物所属物种，对其名称进行了统一修订，提供对应的中文和拉丁学名。修订原则如下：

1. 翻译原书中的描述性文字和俗称。例如，卷二图38中的鱼被鉴定为角箱鲀，其荷兰语名为“Zee-Kat”，意为“海猫”。这反映了当时的人们对生物外形和习性的直观认知。我们保留了这类有趣的俗称，以“又名”表示。

2. 根据图示特征逐一判断物种分类归属。我们主要参考了文献资料《拉汉世界鱼类系统名典》《鱼类图鉴：珊瑚三角区》等工具书，以及FishBase等在线数据库，并由中国海洋大学鱼类研究专家张弛老师审订。

3. 结合原书中的文字描述、同一位绘者在处理绘画细节时的风格和原作者的交叉参照信息进行校正。例如，根据图示特征，两条鱼原被鉴定为不同的种，或是精确到不同的亚属级别。但由于绘者称其为同一物种，我们倾向于尊重绘者及其依托的本地知识，将两幅图中的鱼定为同一物种或同一属。

在本译著的修订过程中，最大的困难是插图存在艺术化和理想化，不如照片般精确，使物种鉴定难度大大增加。尽管绘者都声称已经尽力还原所见生物的外观，但个人对鱼的形状和颜色的感性认知、对绘画风格的偏好，导致一些图与真实生物有出入。总的来说，卷一的图比较写实，卷二的许多插图则比较夸张，甚至有超现实主义的元素。有时候，虽然我们根据图鉴的大部分特征能够确定这是某种鱼，但某些细节（例如尾鳍的形状）与该鱼种不符。在这种情况下，我们仍然将其归类为该物种。

同种生物个体之间存在差异，包括雄鱼和雌鱼、幼鱼和成鱼、不同发现地之间的差异，也会导致同一物种的不同插图有较大差异。此外，原书的某些描述不严谨或存在夸张，分类与命名方法与现代生物学分类存在差异，这些因素都为我们的定种、修订工作带来了挑战。

然而，当我们将目光从放大 300% 的图片上移开片刻，当我们暂时从“臀鳍与尾鳍之间的距离”之类的细节中走出来，当我们暂时不纠结这条鱼身上的格纹与那条鱼身上的棋盘图案是否意味着本质上的不同——这时，《海物奇谈》在现代的意义似乎才真正显现：

尽管存在理想化和超现实的成分，但是《海物奇谈》记录了那个时代人们对海洋生物的独特认知，提供了大量有价值的信息，反映了当时的生物多样性；精美的插图与描述文字，展现了对自然世界的热爱与好奇心。

探索始于惊奇。尽管手绘图画在准确性上难以达到现代生物学的严格标准，尽管其分类方法与现代生物学的分类体系有所不同，但这并不意味着《海物奇谈》已经过时。相反，作为西方已知的第一本海洋生物彩色图鉴，它标志着博物学的一个早期起点。而书籍也只是我们拓展自身认知的一小步，我们希望这本书能激发你的好奇心，成为你探索海洋生物奥秘之旅的起点。利用书中提供的中文名和拉丁名，你可以搜索和比较插图与实物，深入探索，发现自然的无限魅力。

为保持《海物奇谈》作为历史著作的完整性，中文版保留了原作的各项内容，包括正文前的一系列辅文，以及完整的、附有法语文字描述的图版（译文在图版背面）。由于编者水平有限，书中难免存在疏漏和不足之处，恳请广大读者和专业人士批评指正，以便我们对译著进行进一步完善。

后浪出版公司

2023 年 10 月